Alles für die 1. und 2. Klasse

Ravensburger Buchverlag

1. Klasse

Konfetti

Karlo

Deutsch

Mathematik

Zu diesem Buch

- Im Buch findest du Regeln und Tipps, die dir beim Lösen der Aufgaben helfen.

- Aufgepasst:
  Die Aufgaben mit einer  sind etwas schwieriger.

- Lege die  auf die roten Lösungsfelder, dann werden die richtigen Ergebnisse sichtbar.

- Mache regelmäßig Lernpausen: Öffne das Fenster und bewege dich in dieser Zeit. Danach kannst du dich besser konzentrieren.

Buchstaben von A bis Z

So kannst du auch sagen:

Deutsch:

Namenwort	– Hauptwort, Nomen, Substantiv
Tunwort	– Zeitwort, Tätigkeitswort, Verb
Wiewort	– Eigenschaftswort, Adjektiv
Begleiter	– Geschlechtswort, Artikel
Selbstlaut	– Vokal
Mitlaut	– Konsonant

Mathematik:

⊕ zusammenzählen	– addieren
⊖ abziehen	– subtrahieren

Das Abc-Haus

Immer wenn du eine Seite bearbeitet hast, darfst du die Buchstaben im Haus nachfahren.

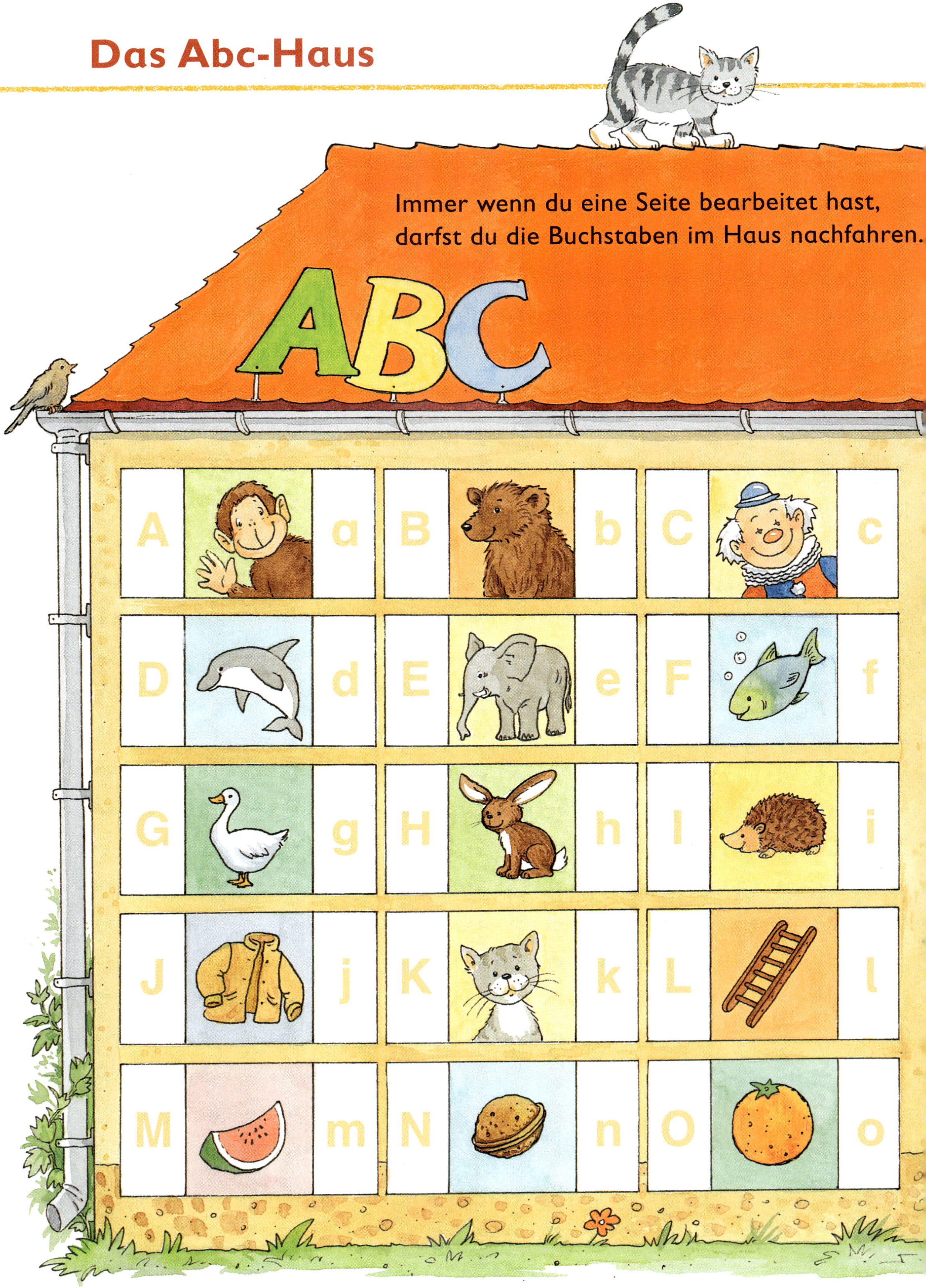

Damit du die großen und kleinen Buchstaben unterscheiden lernst, fahre die Großbuchstaben rot und die Kleinbuchstaben blau nach.

A/a, B/b, C/c

1 a) Hund Konfetti verfolgt einen Dieb.
Wer ist der Täter? Male alle Felder
mit A/a braun an, dann siehst du es.

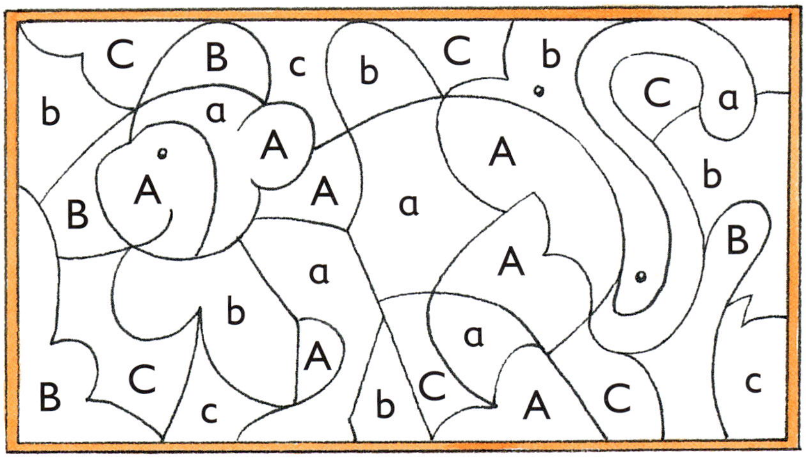

b) Was hat Affe Ali geklaut? Umkreise die Frucht,
die mit dem Buchstaben B anfängt.

2 Der Clown hat mit vielen Bällen jongliert.
Jetzt sortiert er sie.
Verbinde jeden Ball mit der passenden Kiste.
Welche Bälle bleiben übrig?

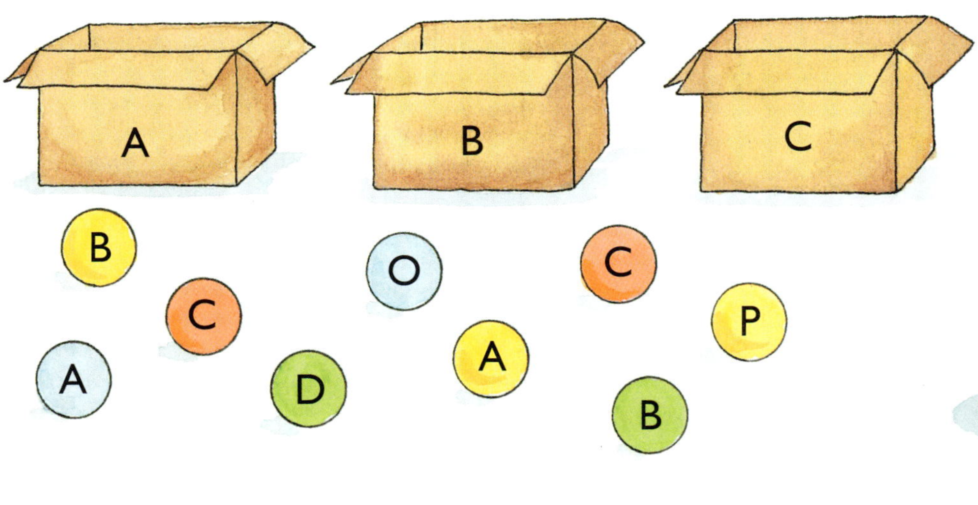

3 Bruno Bär nascht gerne Honig.
Welcher Weg führt zum Honigtopf?

C	B	B	B	A	A	C	A	C
A	B	A	B	A	C	A	C	C
B	B	C	B	C	A	C	B	B
C	A	C	B	A	A	B	B	A
A	C	A	B	B	B	B	C	A

4 Immer zwei Fähnchen gehören zusammen.
Male sie in der gleichen Farbe an.

5 Alle Dinge beginnen entweder mit A wie Affe, mit B wie Bär oder mit C wie Clown. Wo hörst du A, B oder C? Fahre den richtigen Buchstaben rot nach und male das richtige Punktebild dazu.

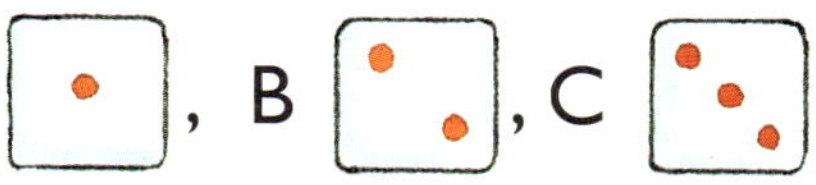

ABC wie  ABC wie 

ABC wie  ABC wie 

ABC wie 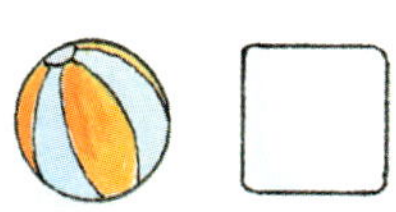 ABC wie 

D/d, E/e, F/f

1 Sprich die Namen dieser Tiere deutlich.
Zwei davon beginnen nicht mit D, E oder F.
Welche? Streiche sie durch.

2 Der Fisch im Glas gehört in das Aquarium, in dem der Buchstabe F am häufigsten vorkommt. Verbinde.

3 Sprich die Namen der Tiere. Wo hörst du E, D oder F?
Kreuze an. Das Beispiel hilft dir.

E/e D/d F/f

4 Weißt du, zu wem die Jungtiere gehören?
Verbinde die richtigen Buchstaben miteinander.

Regel Zu jedem großen Buchstaben gehört ein kleiner Buchstabe.

5 Fahre die großen Buchstaben rot und die kleinen blau nach. Schreibe dann selbst weiter.

D D

E E

F F

d d

e e

f f

6 Findest du zu den Buchstaben D, E und F je einen Ländernamen? Schreibe ihn auf die Linien.

G/g, H/h, I/i

1 Schau dir das Bild genau an. Wie viele Dinge findest du, die mit dem Buchstaben H anfangen? Sprich laut und kreise die Dinge ein.

2 Verbinde die Bilder mit ihrem Anfangsbuchstaben. Fahre die Buchstaben mit deiner Lieblingsfarbe nach.

3 Welcher Buchstabe kommt auf jeder Blüte vor?

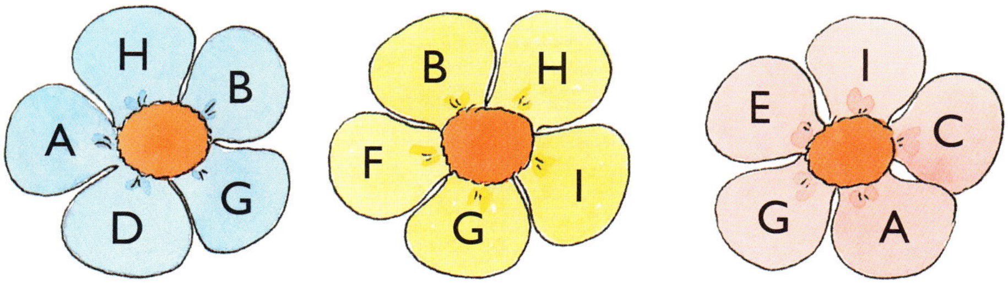

Tipp Du kannst mit Kressesamen Buchstaben säen, z. B. H oder I.

4 Hier haben sich drei Tiere versteckt. Welche?
Male die Felder so an:

H/h I/i G/g

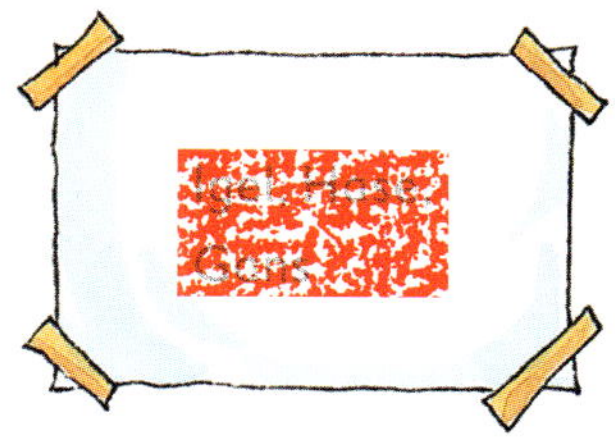

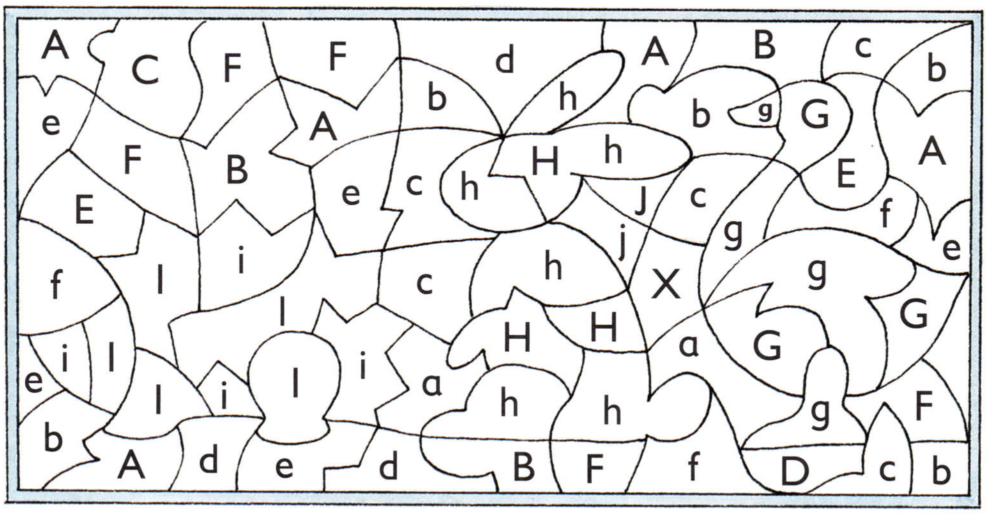

5 Wie lautet der Anfangsbuchstabe: G, H oder I?

 ____ase

 ____aus

 ____ras

 ____ans

 ____gel

 ____und

J/j, K/k, L/l

1 Detektiv Karlo baut eine neue Hundehütte für Konfetti. Er hat Bretter, Nägel, Leim und Lack besorgt. Lies die Geschichte auf dem Zettel laut. Nenne für jedes Bild das richtige Wort.

Konfettis neue Hundehütte ist fertig.

Karlo räumt den 

, den 

und die übrigen  wieder in die 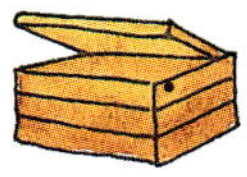 .

Das 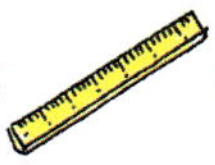 steckt er in die linke Hosentasche.

Dann zieht Karlo seine  an und holt seinen 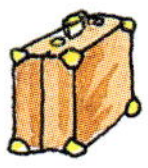 . Er muss bald arbeiten gehen.

2 Auf den Holzbrettern haben sich falsche Buchstaben versteckt. Streiche sie durch.

3 Detektiv Karlo hat beim Arbeiten Hunger bekommen. Schau dir das Bild genau an.

4 Fahre die Buchstaben in den vorgegebenen Farben nach und setze die Reihe fort.

J J	j j
K K	k k
L L	l l

5 Karlo nagelt aus alten Brettern verschiedene Buchstaben zusammen. Welche Teile fehlen noch? Umkreise das richtige Stück.

M/m, N/n, O/o

1 Fülle die Körbe mit den Buchstaben M/m, N/n und O/o.
Suche in Zeitungen und Zeitschriften. Schneide
die Buchstaben aus. Klebe sie in den richtigen Korb.

2 Konfetti liebt Buchstaben-Futter.
Kreise alle M, N und O ein.

3 Mona hat sich eine Schürze mit den Buchstaben
ihres Namens gebastelt. Findest du sie?

4 Was isst Detektiv Karlo gern? Male alle M/m und O/o aus. Dann siehst du den Anfangsbuchstaben des Wortes. Umkreise das passende Bild.

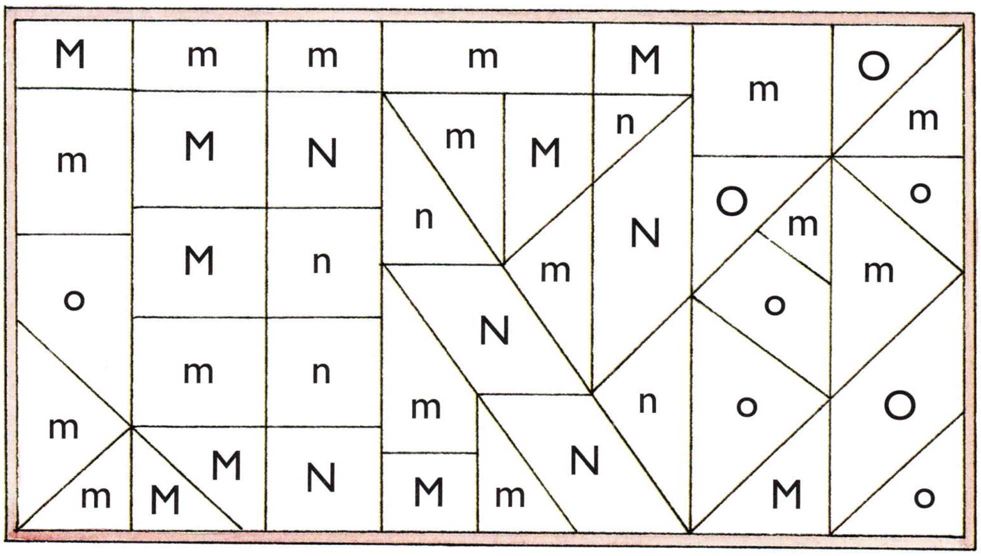

5 Sprich die Namen der Dinge laut. Wo hörst du M, N oder O? Umkreise den/die richtigen Buchstaben.

M O N

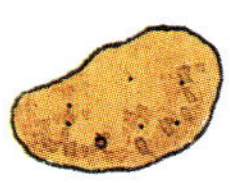

N O M

M O N

N O M

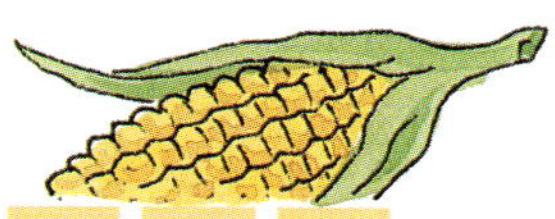

M O N

6 Kennst du schon die einzelnen Monate?
Welche der Monatsnamen haben ein M/m im Wort?
Denke gut nach und schreibe die Wörter auf die Linien.

P/p, Qu/qu, R/r

1 Hier lernst du die Buchstaben P/p, Qu/qu und R/r. Schau dir die roten und blauen Buchstaben auf den Schreiblinien genau an. Fahre die Buchstaben nach und schreibe die Reihen weiter.

P P

p p

Qu Qu

qu qu

R R

r r

2 Die Kinder haben sich am Strand als Piraten verkleidet. Bei welchen Gegenständen im Bild hörst du P? Sprich die Anfangsbuchstaben der Wörter deutlich. Schreibe die Wörter auf das Piratenschiff.

3 Male die Felder P/p, Qu/qu und R/r jeweils mit einer anderen Farbe aus. Welche Dinge siehst du dann?

Tipp Willst du etwas in Geheimschrift schreiben? Dann schreibe Buchstaben mit Zitronensaft auf ein Blatt Papier. Die Buchstaben kann man nur lesen, wenn man das Blatt gegen das Licht hält.

4 Konfetti hat einen großen Buchstabenschatz gefunden. Du kennst schon viele Buchstaben davon. Verbinde jeden großen Buchstaben mit dem passenden kleinen Buchstaben.

Reise zum Leseschatz

Du brauchst:
- 1 oder mehrere Mitspieler
- für jeden Spieler 1 Spielfigur
- 1 Würfel
- die Buchstabenkarten von Seite 33.

Setze die Spielfiguren auf das grüne Startfeld.
Der jüngste Spieler beginnt.
Gewonnen hat, wer zuerst beim Schatz ist.
Achte auf diese Felder:

 Du darfst 1-mal ausruhen.

I/i — Lege die richtigen Buchstabenkärtchen dazu.

F — Nenne ein Wort, das mit diesem Buchstaben beginnt.

 Schreibe den Anfangsbuchstaben des Tieres, das in der Nähe des Feldes steht.

G/g
E
B
S
K
F
I/i
W
A
V
J/j
M
P
H
F/f

S/s, T/t, U/u

1 Konfetti sucht am Strand nach Dingen mit dem Anfangsbuchstaben S. Welche Dinge sind das? Sprich die Wörter laut und kreise sie ein.

2 Fahre die Buchstaben mit dem Finger mehrmals nach. Schreibe S, T und U selbst in den feinen Sand daneben.

Tipp Du kannst Sand in eine flache Schüssel füllen und mit dem Finger Buchstaben schreiben.

3 Welche Dinge auf der Matte haben ein T/t im Wort?

4 Sprich die Wörter deutlich. Hörst du S, T oder U?
Kreuze den richtigen Buchstaben an und trage ihn ein.

S T U ____egelboot

S T U ____aucherbrille

S T U ____intenfisch

S T U ____andalen

S T U ____hr

S T U ____-Boot

Tipp Du kannst mit dem Zeigefinger Buchstaben auf den Rücken einer Freundin oder eines Freundes schreiben.
Errät er oder sie den Buchstaben?

5 Anne hat mit bunten Förmchen Buchstabenkuchen gebacken. Verbinde den großen mit dem kleinen Buchstaben. Schau zur Kontrolle im Abc-Haus nach.

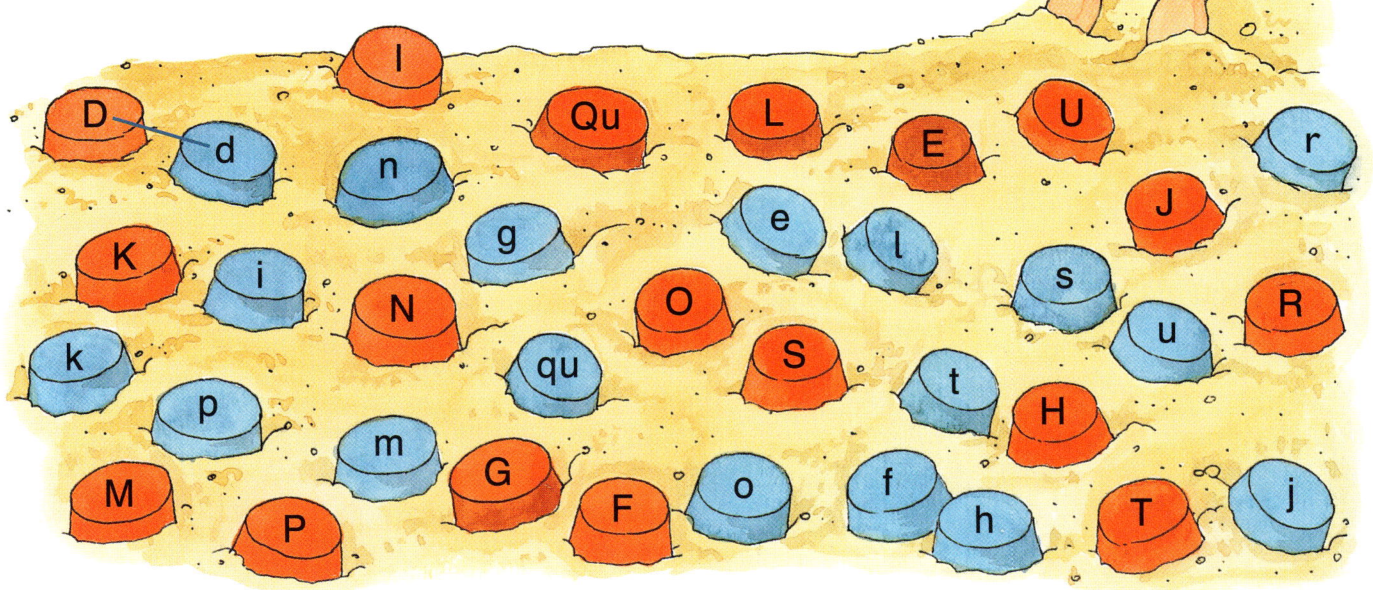

V/v, W/w

1 Sprich die Wörter laut. Achte dabei auf den Anfangsbuchstaben. Was fällt dir auf?

Veilchen

Vase

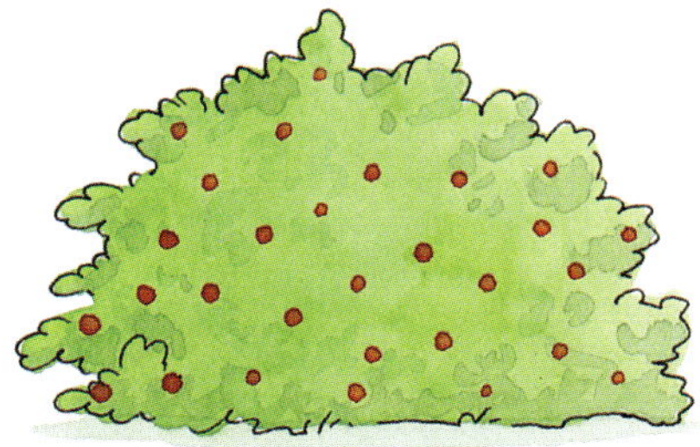

Vogelbeere

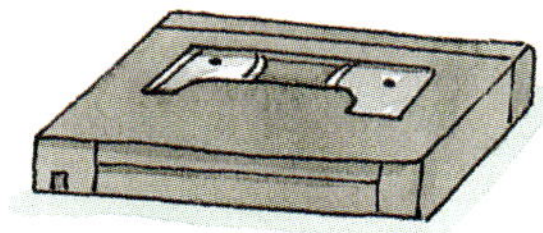

Videokassette

Vogel

Tipp Manchmal sprichst du V wie 

und manchmal V wie 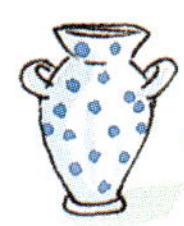 .

2 Findest du die Dinge von oben im Bild wieder? Welche davon gehören nicht in den Wald? Kreise diese Dinge ein.

3 Im Wald entdeckt Konfetti Tierspuren.
Fahre diese Spur im Bild nach.

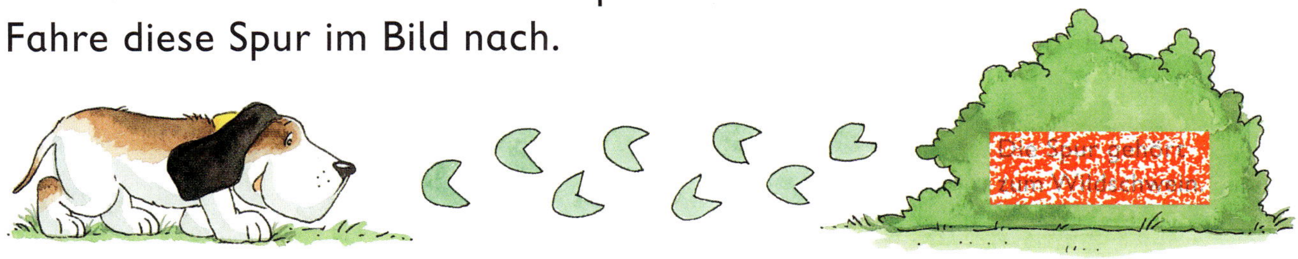

Jetzt siehst du den Anfangsbuchstaben des Tieres,
zu dem die Spur gehört. Umkreise es.

4 Ein Sturm hat den Zaun beschädigt. Kannst du ihn
reparieren? Fahre die gestrichelten Linien nach.

W W

w w

X/x, Y/y, Z/z

1 Was ist das Lieblingsstofftier von Manuela?
Male das Bild richtig an, dann siehst du es.

X:
Y:
Z:

2 Detektiv Karlo schreibt einen Brief in Geheimschrift.
Kannst du die Botschaft lesen?
Tipp: Streiche alle X im Text durch.

LieXXberXXMaXXrkuXs!
XXXBiXtteXXkXomXXmXXX
amXXXFreXitXXagXXXXuXmX
XdrXXeiXXXUXhrXXinXsXXX
SchXXwiXmmXbXadXXX!
BiXXsXdaXnnXX! KXXarXloX

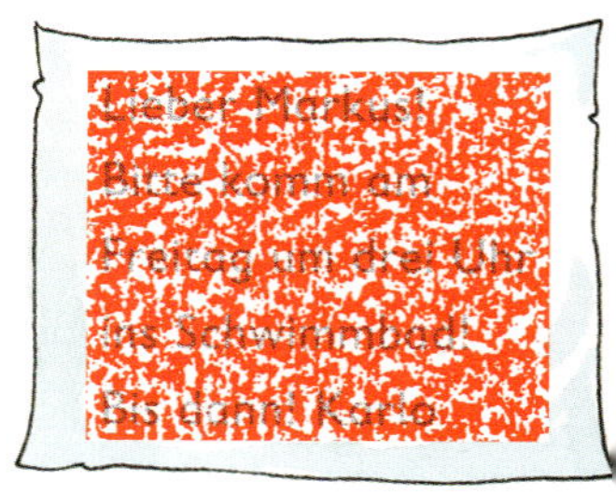

Tipp Forme aus Salzteig die Buchstaben X, Y und Z.
Lass die Formen im Backofen hart werden.
Wenn du möchtest, kannst du sie bunt anmalen.

3 Konfetti und Manuela räumen Spielsachen auf.
Sprich die Namen der Dinge deutlich. Wo hörst du
Z oder X am Anfang? Kreise in verschiedenen Farben ein.

4 Beim Aufräumen findet Manuela Knetmasse.
Sie formt damit verschiedene Buchstaben.
Fahre sie nach und schreibe sie dann unten auf die Linien.

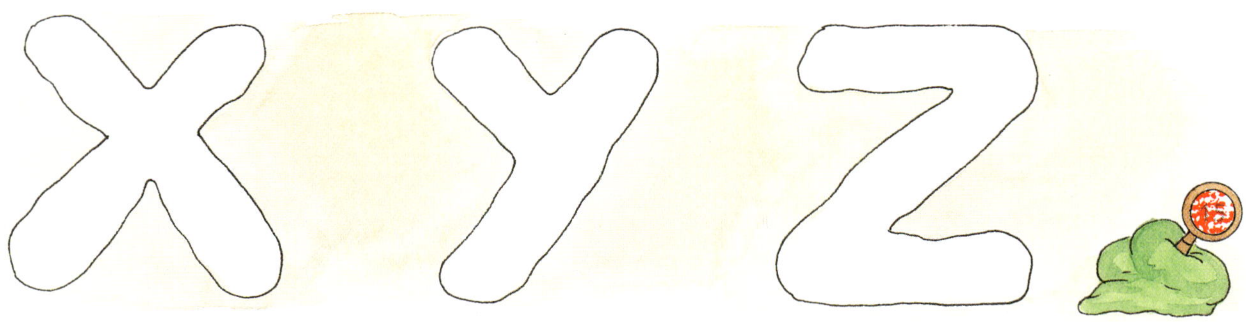

X X x x

Y Y y y

Z Z z z

5 Nimm ein Lexikon zur Hand. Suche darin je zwei
Wörter mit den Anfangsbuchstaben X, Y oder Z.

Alphabet

1 Womit fahren Detektiv Karlo und Konfetti in den Urlaub? Verbinde zuerst die Großbuchstaben, dann die Kleinbuchstaben der Reihe nach. Schau zur Kontrolle im Abc-Haus nach.

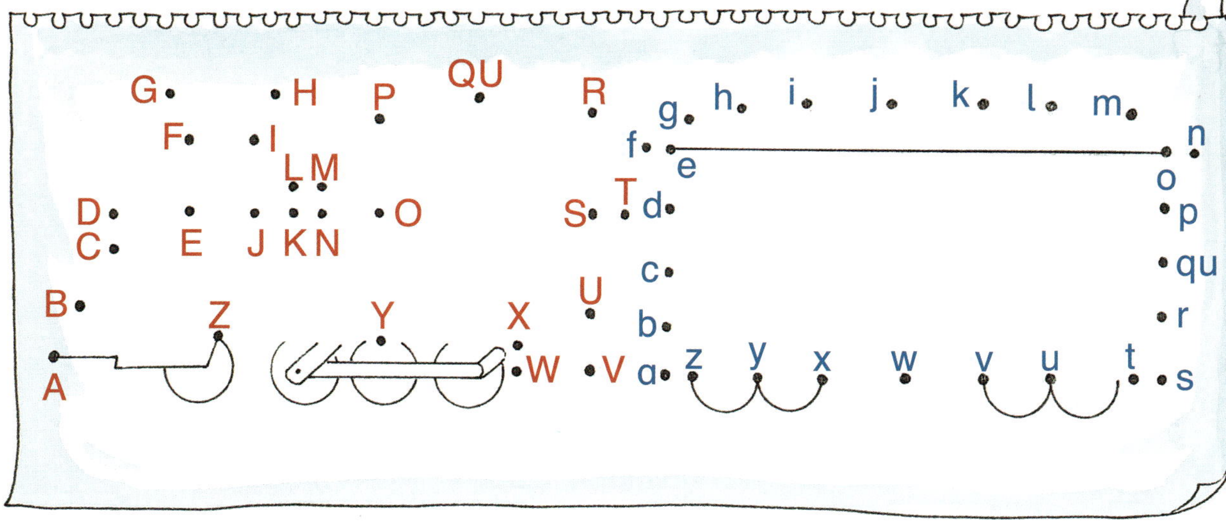

2 Karlo und Konfetti sehen auf der Reise viele Dinge. Schreibe neben jedes Bild den Anfangsbuchstaben. Trage ihn der Reihe nach unten ein. Was liest du?

3 Einige Waggons stehen auf dem Abstellgleis.
Weißt du, welche Großbuchstaben hier fehlen?
Trage sie ein und schau zur Kontrolle im Abc-Haus nach.

4 Unterwegs isst Karlo Buchstabenkekse.
Einige davon sind zerbrochen. Ergänze und fahre die Buchstaben in verschiedenen Farben nach.

5 Fahre die Buchstaben nach.
Schreibe den großen Buchstaben daneben.

a b c d e f

g h i j k l m

n o p qu r s

t u v w x y z

Buchstabenspiele

Für die Spiele auf dieser Seite brauchst du die Buchstabenkärtchen von Seite 33. Auf der rechten Seite findest du weitere Tipps zum Üben.

Mal-Spiel (für zwei oder mehrere Spieler)

Alle Kärtchen werden in einen Beutel gelegt. Ziehe ein Kärtchen heraus und male einen Gegenstand mit dem Anfangsbuchstaben. Die Mitspieler versuchen während des Malens zu erraten, was es ist.

Such-Spiel (für zwei oder mehrere Spieler)

Lege alle roten Kärtchen mit der Bildseite nach oben. Ein Mitspieler nennt einen Buchstaben und die anderen suchen schnell ein Kärtchen, dessen Bild dazu passt.

ABC-Spiel (für zwei Spieler)

Ein Spieler nimmt die blauen Kärtchen, der andere die roten. Jeder mischt seine Kärtchen und legt sie mit der Buchstabenseite nach oben vor sich hin. Wer schafft es am schnellsten, das Abc zu legen?
Tipp: Schwieriger wird es, wenn man die Kärtchen mit der Bildseite nach oben legt.

Stopp-Spiel (für zwei oder mehrere Spieler)

Alle Kärtchen werden mit der Buchstabenseite nach oben gelegt. Fahre mit dem Finger die Reihen ab, ein Mitspieler ruft „Stopp!". Nenne schnell einen Gegenstand zu diesem Buchstaben.

Fühl-Buchstaben

Du kannst Buchstaben auch fühlen. Schreibe auf einem Blatt einen Großbuchstaben vor und klebe verschiedene Materialien darauf. Du kannst Watte, zurechtgeschnittenes Schmirgelpapier, Alufolie, Stoffreste usw. verwenden. So bekommst du einen glatten, weichen oder rauen Buchstaben. Hast du noch eine Idee, womit du deinen Fühlbuchstaben bekleben kannst?

Buchstaben-Buch

In diesem Buch bekommt jeder Buchstabe seine eigene Seite. Schreibe alle Großbuchstaben auf die untere Hälfte eines Blattes und male ein passendes Bild darüber. Wenn du magst, kannst du ein Deckblatt dazu machen. Die Blätter werden am linken Seitenrand gelocht und in einen Ordner gelegt. Fertig ist dein eigenes Buchstaben-Buch.

Knetbuchstaben

Forme verschiedene Buchstaben aus Knete, die sich im Backofen härten lässt. Lass dir dabei von einem Erwachsenen helfen. Diese Buchstaben gibst du in einen Beutel. Greif hinein und versuche die Buchstaben durch Tasten zu erkennen.

Buchstaben-Seil

Du kannst mit einem Seil Groß- und Kleinbuchstaben auf den Boden legen. Versuche auf dem Seil zu balancieren, ohne danebenzutreten.
Wie viele Buchstaben schaffst du?

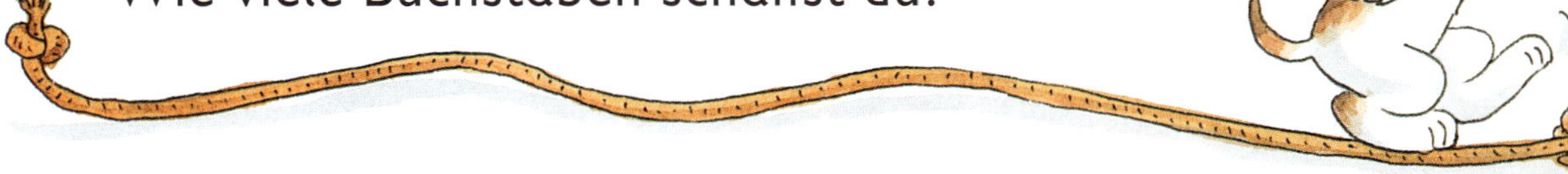

Wiederholung

1 In jedem Häuschen fehlt etwas.
Ergänze die passenden Klein- oder Großbuchstaben.

Tipp Wenn du etwas nicht mehr weißt, schau noch einmal vorne nach.

2 Sprich die abgebildeten Wörter laut. Wo stehen die Buchstaben im Wort? Am Anfang, in der Mitte oder am Schluss? Kreuze an.

A/a

P/p

O/o

M/m

R/r

S/s

3 Suche in jeder Reihe den vorgegebenen Buchstaben und kreise ihn ein. Wie oft hast du ihn gefunden?

B	P	B	D	B	O	D	P	B	P	B	D
M	M	N	W	M	V	M	W	N	M	A	M
E	L	E	F	I	E	F	L	E	B	E	F
G	B	G	D	O	B	G	O	G	D	G	G

4 Sprich deutlich, was du auf den Bildern siehst. Schreibe dann jeweils den Anfangsbuchstaben in die Kästchen. Versuche die zwei Wörter zu lesen.

a) ☐ ☐ ☐ ☐

b) ☐ ☐ ☐ ☐

5 Verbinde die Buchstaben mit den richtigen Bildern. Fallen dir noch mehr Wörter mit B, M oder L am Anfang ein? Male sie auf ein Extrablatt.

Knack den Code

Auf jeder Doppelseite (Seite 4 – 31) findest du eine kleine braune Lupe. Darin steht jeweils eine Zahl.

- Schreibe die Zahlen nacheinander auf die Linien.
- Ersetze sie dann durch die Buchstaben, die auf dem Zettel versteckt sind: zum Beispiel 4 durch den Buchstaben A.
- Trage jeweils den passenden Buchstaben unter der Zahl ein. Wie heißt der Lösungssatz?

CODE

3 = [illegible]	14 = [illegible]
11 = [illegible]	7 = [illegible]
16 = [illegible]	13 = [illegible]
15 = [illegible]	9 = [illegible]
20 = [illegible]	5 = [illegible]
4 = [illegible]	2 = [illegible]

___ ___ ___ ___ ___ , ___ ___

___ ___ ___ ___ ___ ___ ___ 9 !

Code geknackt:

Fingerabdruck

Datum

Mein Detektivname

Unterschrift

Spielmaterial

A	B	C	D	E	F
G	H	I	J	K	L
M	N	O	P	Q	R
S	T	U	V	W	X
Y	Z			a	b
c	d	e	f	g	h
i	j	k	l	m	n
o	p	qu	r	s	t
u	v	w	x	y	z

Lesetraining

Beim Lesen hilft dir ein Lineal.
Decke einen Teil des Satzes ab und
verschiebe das Lineal während
des Lesens langsam nach rechts.

Nach Silben lesen

1 Karlo deckt den Frühstückstisch. Lies die Wörter Silbe für Silbe. Male unter jede Silbe einen Bogen. Das Beispiel und der Tipp helfen dir.

[redacted]

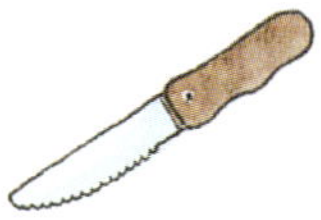 Messer

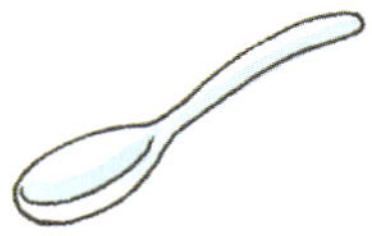 Löffel

 Tasse

 Teller

 Schüssel

 Glas

Tipp Du kannst Wörter besser lesen, wenn du Silbe für Silbe liest und dazu klatschst.
Beispiel: Blumenvase

2 Was fehlt bei den Bildern? Lies die Wörter und male Bögen darunter. Zeichne dann die Bilder fertig.

[redacted]

Butter

Blumen

Äpfel

Brötchen

Kerzen

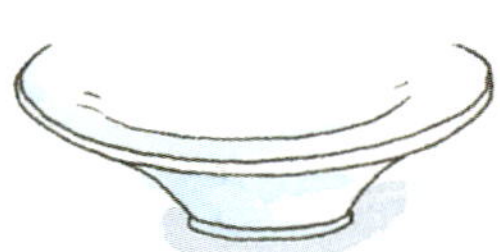

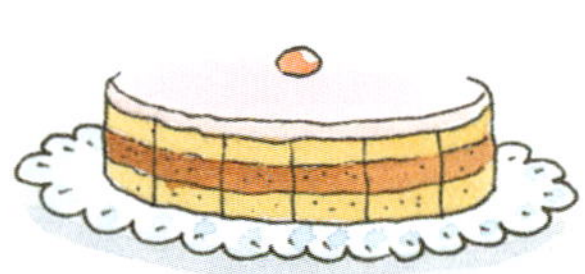

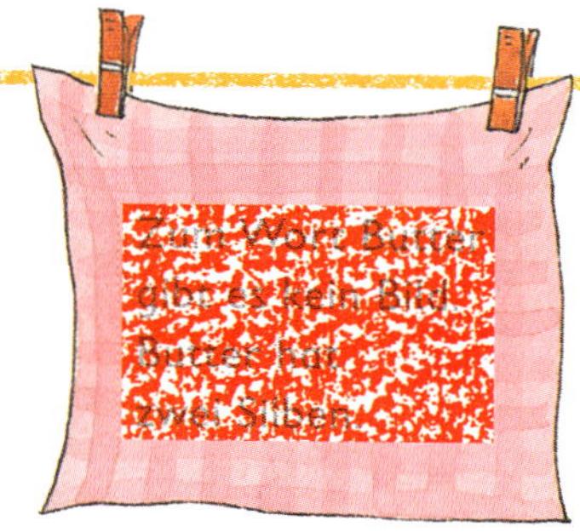

3 Lies die Wörter und verbinde sie mit dem richtigen Bild. Zu welchem Wort gibt es kein Bild? Wie viele Silben hat dieses Wort?

Brot

Zucker

Gabel

Marmelade

Butter

Tasse

4 Immer zwei Silben ergeben zusammen ein Wort. Male die passenden Tassen in der gleichen Farbe an. Schreibe dann die Wörter auf die Linien.

____

____

5 Lies die Wörter Silbe für Silbe. Klopfe bei jeder Silbe auf den Tisch. Trenne die Silben mit einem senkrechten Strich, z. B. Mes|ser.

Marmelade Tischtuch

Frühstück Suppenlöffel

Wörter lesen

1 Peter feiert mit seinen Freunden Geburtstag. Was packt er aus? Lies die Wörter und umkreise das richtige Bild. Der Tipp hilft dir.

Buch

Radio

Auto

Tipp Lies Buchstabe für Buchstabe oder Silbe für Silbe. Du liest leichter, wenn du mit einem Finger unterhalb des Wortes entlangfährst.

2 Lies die Wörter und umkreise sie. Jetzt weißt du, was auf Peters Wunschliste steht.

RENNAUTOSPRINGSEILSTOFFTIER

BILDERBUCHFLUGZEUGMURMELN

3 In jeder Luftschlange passt ein Wort nicht dazu. Umkreise es.

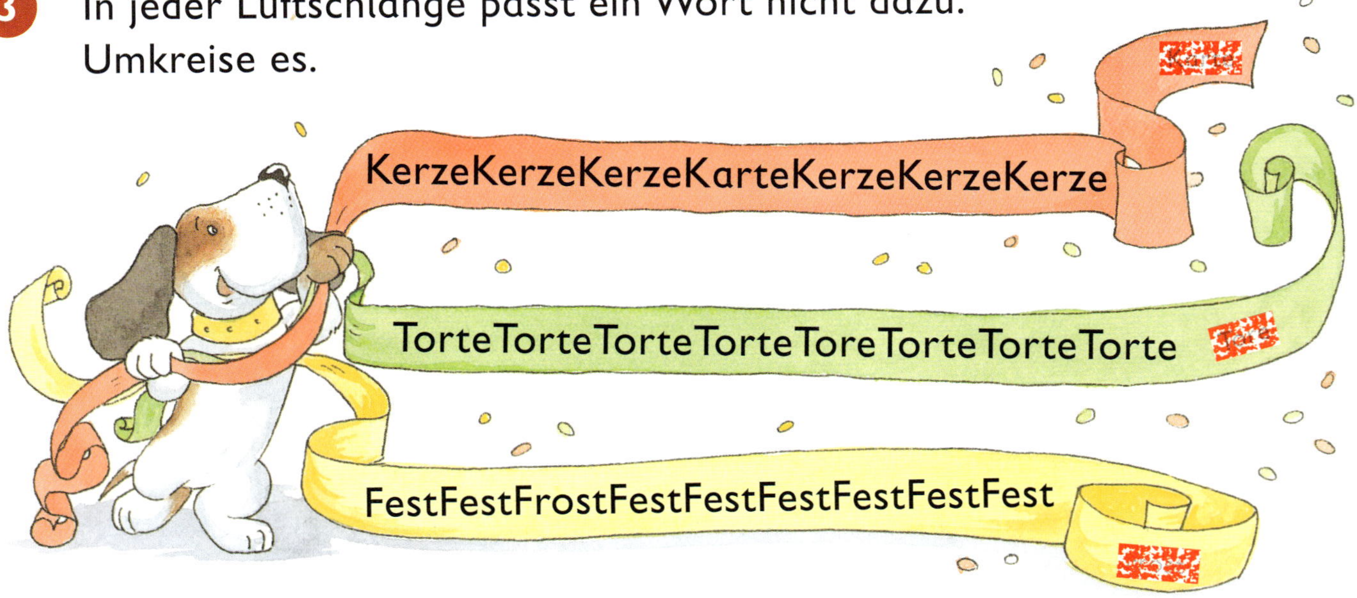

4 Welche Wörter passen zu einer Geburtstagsfeier?
Male die passenden Luftballons farbig an.

Kasse

Kuchen

Freunde

Schule

Geschenk

Spiele

5 Die Wörter wurden auseinandergeschnitten.
Kannst du sie lesen? Schreibe sie richtig auf.

Fei	erSon	neSpie	leRo	seKer	ze

6 Durch das Ab- und Aufbauen von Wörtern kannst du den Sinn verändern. Verwandle die Wörter.

Fest
Fes
Fe
F
Fo
Fot
Foto

Buch

Ball

Hund

Haus

Lange Wörter lesen

1 Detektiv Karlo streicht seine Wohnung. Er probiert dabei viele Farben aus. Lies die Wörter laut. Der Tipp hilft dir dabei. Verbinde dann jedes Wort mit der passenden Farbe.

a) hellblau

b) sonnengelb

c) dunkelgrün

d) dunkelrot

e) hellbraun

f) rabenschwarz

Tipp Wenn du ein langes Wort lesen möchtest, hilft dir ein Lineal. Decke einen Teil des Wortes ab und verschiebe das Lineal während des Lesens langsam nach rechts.

2 Lies die Wörter auf den Tapetenstücken. Welches Wort gibt keinen Sinn? Streiche es durch.

Malerhut	Farbpinsel
Farbeimer	Wandeimer
Wandfarbe	Malerkittel

3 Findest du die sechs Wörter? Umkreise sie.

PINSELMALERROTGELBEIMERFARBE

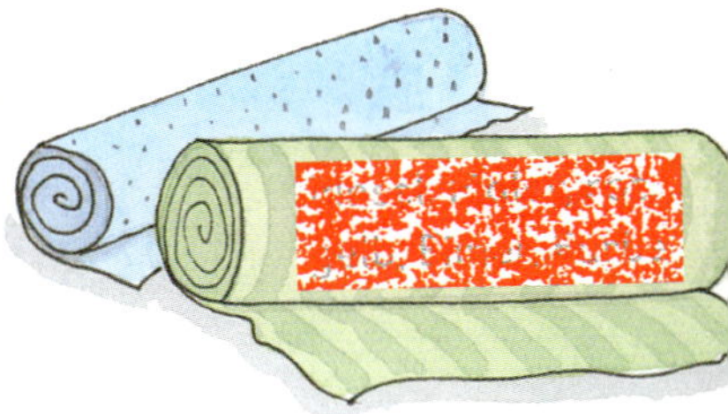

4 Suche im Kreuzworträtsel sechs lange Wörter. Umkreise sie und lies sie laut.

S	C	H	U	L	H	A	U	S	T	E	M
G	P	A	U	S	E	N	H	O	F	P	S
B	R	A	D	I	E	R	G	U	M	M	I
A	L	S	C	H	U	L	B	U	C	H	D
M	B	U	N	T	S	T	I	F	T	E	O
F	S	C	H	R	E	I	B	H	E	F	T

5 Male die Farbeimer richtig an.

dunkelblau tannengrün sonnengelb kirschrot

6 Welche Buchstaben verdecken die Farbkleckse?

dun el ot 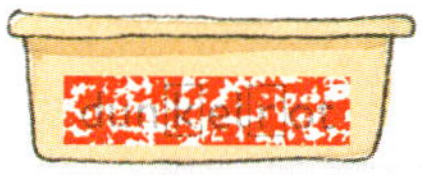

ell lau 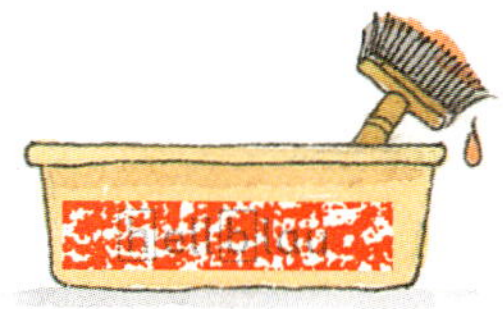

aler ut 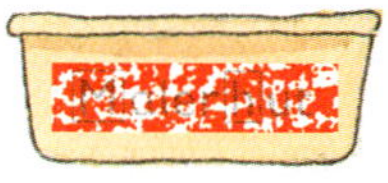

W nd arbe 

7 Lies die Wörter. *Tipp:* Benutze ein Lineal.

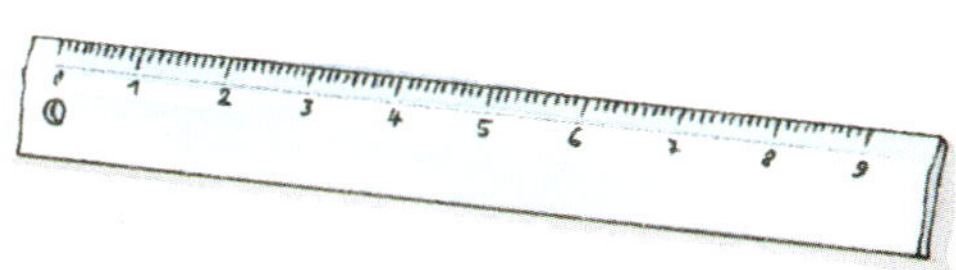

Wasser	Maler	Blumen
Wasserfarben	Malerkittel	Blumentopf
Wasserfarbkasten	Malerkitteltasche	Blumentopferde

Sätze lesen

1 Astrid besucht ihren Onkel auf dem Bauernhof. Dort steht ihr Pferd Bille. Schau dir das Bild genau an. Unterstreiche die passenden Sätze. Der Tipp hilft dir.

a) Astrid füttert ihr Pferd.

b) Bille hat schwarze Flecken.

c) Zwei Hunde spielen im Hof.

d) Die Vögel sitzen auf dem Zaun.

Tipp Lies erst die einzelnen Wörter.
Wiederhole die schweren Wörter.
Lies dann den ganzen Satz.

2 Welcher Satz passt zum Bild? Unterstreiche ihn.

Bille trinkt Wasser.

Bille ist im Stall.

Bille frisst Heu.

3 Lies die Sätze mehrmals.

Astrid reitet.

Astrid reitet auf Bille.

Astrid reitet auf Bille nach der Schule.

Astrid reitet auf Bille nach der Schule in den Wald.

4 Hier sind drei Sätze versteckt.
Verbinde die passenden Satzteile miteinander.

Das Pferd	reitet	auf dem Zaun.
Astrid	sitzt	schwarze Flecken.
Der Vogel	hat	nach der Schule.

5 Trenne die Wörter mit einem Strich.
Umkreise jeden Satz und schreibe ihn auf.
Lies die Sätze nochmals.

AufderWiesesindvielePferde. AstridholtBille.

6 Kannst du die Sätze lesen?
Lies jeden Satz von rechts nach links.
Wiederhole, bis du flüssig liest.

.Pferde viele stehen Stall Im

.Möhren gerne frisst Pferd Das

Lange Sätze lesen

1 a) Karlo und Konfetti machen einen Ausflug mit dem Fahrrad. Lies den Text genau durch. Der Tipp hilft dir.

„Wir sind bis in das nächste Dorf geradelt.

Dort haben wir ein großes Eis gegessen.

Danach haben wir uns mit meinem Bruder getroffen.

Dann sind wir schnell nach Hause gefahren."

b) Was haben Karlo und Konfetti erlebt? Erzähle laut.

Tipp Lange Sätze kannst du leichter lesen, wenn du die Sätze unterteilst. Lies erst einzelne Satzteile und dann den ganzen Satz.

2 Welche Sätze stimmen nicht? Streiche sie durch.

a) Karlo und Konfetti sind gewandert.

b) Im nächsten Dorf haben sie ein Eis gegessen.

c) Sie haben sich mit Karlos Freund getroffen.

d) Dann sind sie schnell nach Hause gefahren.

3 Der Text ist durcheinandergeraten.
Lies die Satzteile. Verbinde sie zu ganzen Sätzen.

1. Karlo isst sehr	A. zum nächsten Dorf.
2. Der Berg ist	B. gern Schokoladeneis.
3. Sie radeln	C. sehr steil und hoch.
4. Im Dorf	D. süß und kalt.
5. Das Eis ist	E. treffen sie Freunde.

4 Bringe die Wörter in die richtige Reihenfolge.
Schreibe den Satz auf die Linien.

gierig kaltes Konfetti Wasser trinkt

5 Welcher Satz passt zum Bild? Lies die Sätze laut.
Unterstreiche den richtigen Satz. [redacted]

a) Karlo kauft sich im Dorf ein großes Eis mit verschiedenen Sorten.

b) Nach dem Radfahren macht Karlo eine Pause und isst ein belegtes Brötchen.

c) Karlo spielt mit Konfetti Ball.

Bild-Text-Zuordnung

1 Peter hat ein Seifenkisten-Auto gebaut.
Welche Wörter passen zum Bild? Kreise sie ein.

2 Peter und sein Freund Felix machen ein Rennen.
Schau dir das Bild genau an. Decke es nun ab.
Lies die Sätze und kreuze richtig an.

ja	nein	Ist ein Hund neben Peters Seifenkiste?
ja	nein	Hat Felix ein Rad in der Hand?
ja	nein	Siehst du drei Seifenkisten?
ja	nein	Liegt auf dem Weg ein Ball?

3 Lies den Text genau durch. Der Tipp hilft dir.
Male die Seifenkiste richtig an.

Die Seifenkiste ist gelb.

Die vier Räder sind schwarz.

Die rote Hupe ist sehr laut.

Die Fahne ist blau.

Tipp Achte beim Lesen auf Wiewörter, z. B. rot, schnell, lang. Dann kannst du genau erfahren, wie Dinge aussehen und welche Eigenschaften sie haben.

4 Peter hat das Rennen gewonnen.
Welche Wörter passen zu Peter? Unterstreiche.

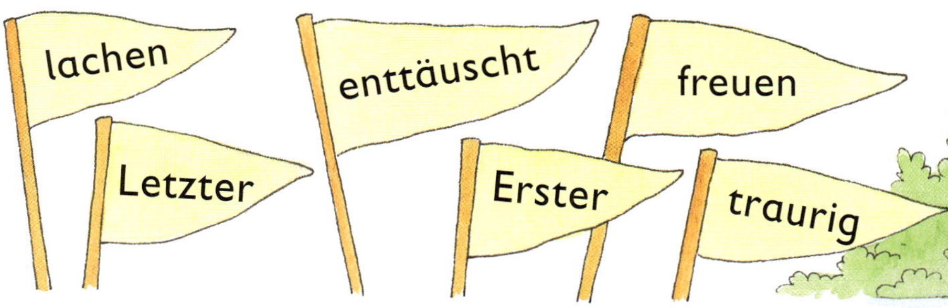

5 Schau dir den Pokal an. Welche Sätze passen dazu?

a) Der Pokal ist bunt.

b) Der Pokal ist gelb.

c) Der Pokal ist mit einem Stern bemalt.

d) Der Pokal ist mit einer 1 bemalt.

e) Der Pokal ist eckig.

Reihenfolge erkennen

1 Karlo will sich einen neuen Wecker kaufen. Lies die drei Texte. Trage zu jedem Bild unten den passenden Buchstaben ein.

a) Zuerst schaut sich Karlo alle Wecker an. Der rote Wecker gefällt ihm gut.

b) Karlo kauft den roten Wecker. Er bezahlt ihn beim Verkäufer.

c) Danach legt er den Wecker in seinen Koffer und geht nach Hause.

Tipp Achte auf Wörter wie z. B. zuerst oder danach. Sie sagen dir, was der Reihe nach passiert.

2 Lies die Sätze aus Aufgabe 1. Welches Wort kommt in a), b) und c) zuerst? Unterstreiche es.

a) gefällt, Wecker, gut

b) bezahlt, Verkäufer, kauft

c) Hause, legt, Koffer

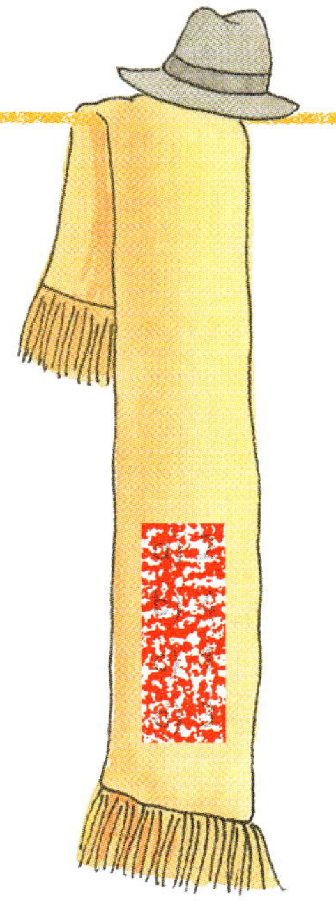

3 So sieht Karlos Tag aus:
Lies die Sätze. Verbinde jeden Satz mit der passenden Uhrzeit.

a) Morgens um 7 Uhr stehe ich auf.

b) Um 12 Uhr gibt es Mittagessen.

c) Nachmittags fahre ich Fahrrad.

d) Um 9 Uhr gehe ich ins Bett.

4 Male der Reihe nach auf, was Karlo macht.

5 Und was macht Konfetti den ganzen Tag?
Trage die Reihenfolge von 1–4 ein.

☐ Nachmittags tolle ich herum.

☐ Morgens ziehe ich Karlo die Bettdecke weg.

☐ Abends kuschele ich mich in meinen Korb.

☐ Um 12 Uhr gibt es Mittagessen.

Textinhalte erfassen

1 Lies den Text bei den Affen.
Unterstreiche wichtige Wörter.
Der Tipp unten hilft dir.

2 Lies die Sätze. Welches der beiden Wörter stimmt?
Kreise das richtige Wort ein.

a) Claudia ist heute im | Zoo | Kino |.

b) Sie ist mit ihrer | Schwester | Freundin | dort.

c) Die | Affen | Bären | gefallen Claudia gut.

Tipp Du verstehst einen Text besser, wenn du wichtige Wörter im Text unterstreichst, z. B. Namen.

3 Welches Tier hat sich hier versteckt? Male alle Felder aus, in denen das Wort TIER steht.

4 Welches Tier hat Karlo fotografiert? Male dieses Tier in den Rahmen.

Das Tier ist groß und grau.

Es hat einen Rüssel.

Das Tier ist sehr schwer.

5 Lies genau.
Verbinde jeden Satz mit dem passenden Tier.

a) Das Tier kann schwimmen.

b) Das Tier kann sprechen.

c) Das Tier hat Streifen.

Rätsel lösen

1 Suche die Wörter in der Verkleidungskiste.
Verbinde sie mit dem richtigen Kind.

2 Auch Konfetti will sich verkleiden.
Zu welchen Berufen gehören diese Dinge?
Ordne die Buchstaben der Wörter.

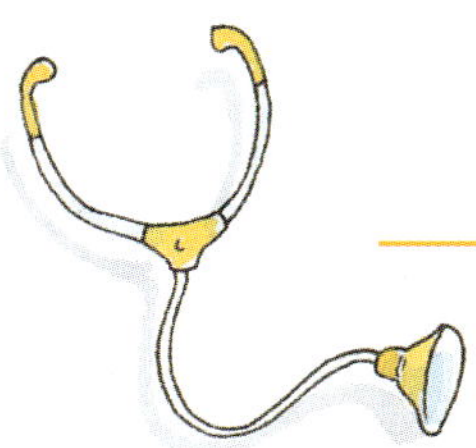

ZRAT

____

KCHO

____

SLOPITZI

____

3 Karlo stellt ein Rätsel. Kannst du es lösen?
Tipp: Es wird ein Beruf gesucht.

„Ich stehe morgens sehr früh auf.
Ich mache Brötchen für dein Frühstück.“

4 Lies den Text und setze für jedes Bild ein Wort ein.
Errätst du den gesuchten Beruf?

„Ich fühle mich wie ein  ______________ .

Ich komme den  ____________ ganz nahe.

Ich fliege in einem  ______________________ .“

5 Streiche jeden zweiten Buchstaben durch und
lies die Wörter. Welcher Beruf ist hier gemeint?

„Ich sehe jeden Tag viele KZIJNODREWR.

Ich brauche oft eine TRASFDEFL.

Ich arbeite in der SWCTHUUOLCE.“

6 Ergänze die Sätze sinnvoll. Weißt du jetzt,
welcher Beruf gemeint ist?

„Ich habe ein Herz für ________________ .

Ich ________________ kranke Tiere.

Meistens kann ich den Tieren _______________ .“

7 Denke dir ein eigenes Rätsel aus.
Lass es deine Freunde oder Eltern lösen.

____

____

____

Geheimschriften

1 Kannst du die Geheimschrift lesen?
Zu jedem Bild gehört ein Buchstabe.
Trage die Buchstaben ein.

2 Schreibe selbst in dieser Geheimschrift.
Male für jeden Buchstaben das passende Bild.

KARTE ____________________

ESEL ____________________

LISTE ____________________

SEIL ____________________

TORTE ____________________

3 Verschlüssele nun deine eigenen Wörter.

____

____

4 Konfetti hat eine Flaschenpost mit einer geheimen Botschaft gefunden. Kannst du sie lesen?
Tipp: Du musst Buchstaben durchstreichen.

VWVWLIEBERVWFINDERWWV,
VWWERVWDASWWVVWLIEST,
WVHATVWHEUTEWVVW
WVVIELWVVWGLÜCKWVWV!

5 Karin hat einen Brief in Geheimschrift bekommen. Welche Botschaft enthält er?

FHEUTE KWILL
PICH PZUM
MBADEN EGEHEN.
PMÖCHTEST RDU
BMITKOMMEN?

6 Karin antwortet in Geheimschrift. Schreibe die Antwort richtig auf.

Ich kom | me ger | ne mit zu | m Ba | den.

7 Schreibe selbst einen Satz auf einen Zettel.
Zerschneide ihn dann.
Gib die Botschaft weiter. Wer kann sie lesen?

Rhythmisches Lesen

1 a) Jonas und Elisa spielen Gespensterspuk.
Lies den Reim dazu laut.

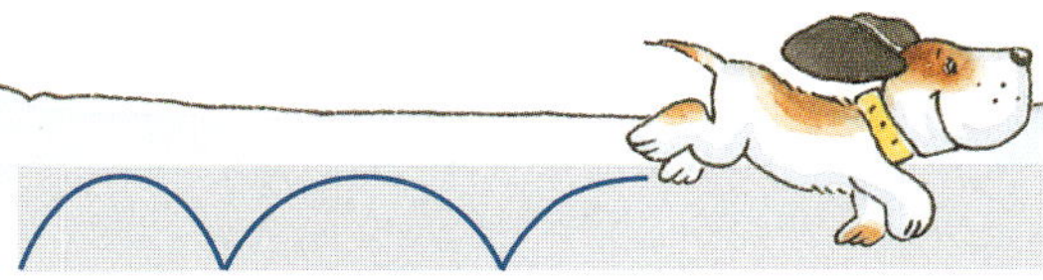

Eins, zwei, drei,

Z a u b e r e i.

Vier, fünf, sechs,

wo ist die Hex?

Sieben, acht,

jetzt gib acht!

Neun und zehn,

nun musst du gehn.

b) Konfetti findet den Gespensterreim toll.
Er springt fröhlich dazu. Lies wieder laut.
Zeichne oben Konfettis Silbensprünge ein.

2 Kannst du den Reim auswendig lernen?
Sprich laut und klatsche dazu in die Hände.

3 Schau dir die Bilder auf dem Vorhang an.
Zu welcher Zeile passt welches Bild? Verbinde.

Bei Mondenschein um Mitternacht,
hätte das jemand gedacht,
kommt nach dem zwölften Glockenschlag
ein Gespenst mit Paukenschlag.

[redacted]

4 Schreibe den Reim fertig. Karlo hilft dir.

Li, la, lo, wo ist der ____________ ? [redacted]

Li, lo, le, er sitzt im ____________ ! [redacted]

Li, lo, latt, auf einem ____________ ! [redacted]

5 Lies den Reim von Seite 56 nochmals.
Trage die richtige Reihenfolge von 1–8 ein.

- [ ] wo ist die Hex?
- [ ] Eins, zwei, drei,
- [ ] Zauberei.
- [ ] nun musst du gehn.
- [ ] Vier, fünf, sechs,
- [ ] Sieben, acht,
- [ ] Neun und zehn,
- [ ] jetzt gib acht!

Gedichte vortragen

1 Hier ist das Marionettentheater zu Besuch.
Lies das Gedicht des kleinen Zauberers.
Trage es dann laut vor. Der Tipp hilft dir.

Schaut, ich bin ein kleiner Mann,
der viele Sachen zaubern kann:
eine Kuh, die Walzer tanzt,
eine Maus, die Bäume pflanzt,
einen Hund, der auf den Pfoten geht,
einen Storch, der auf dem Schnabel steht.

Tipp Wenn du ein Gedicht vorträgst, versuche wichtige Wörter zu betonen, z. B. Namenwörter wie Mann, Sachen …

2 Lies das Gedicht links auf verschiedene Weise:

a) Lies so leise wie möglich.
b) Lies ganz schnell ohne Pause.
c) Lies abgehackt wie ein Roboter.

3 Verbinde die Wörter. Immer zwei Wörter reimen sich.

Sachen kann steht pflanzt

tanzt machen geht Mann

4 Lies das Gedicht von Aufgabe 1 nochmals und decke es dann ab. Schau dir die Bilder genau an. Welches Bild passt nicht zum Gedicht?

5 Was zaubert der kleine Mann noch? Ergänze.

Ein Pferd, das einen Salto ______________,

einen Löwen, der vor Freude ______________.

Betontes Lesen

1 Nina und Sven spielen mit ihren Freunden Fußball.
Abends erzählt Nina ihren Eltern von dem Spiel.
Lies den Text im Tor und achte auf die richtige Betonung. Der Tipp hilft dir.

Nina: „Das war ein tolles Spiel!“

Papa: „Wer hat gewonnen?“

Nina: „Wir natürlich!“

Mama: „Spielst du morgen wieder Fußball?“

Nina: „Na klar! Wir spielen nach der Schule.“

Tipp Fragen erkennst du am Fragezeichen (?).
Deine Stimme sollte am Satzende nach oben gehen.
Ausrufe erkennst du am Ausrufezeichen (!).
Deine Stimme sollte beim Lesen etwas lauter werden.

2 Lies die Sätze in Aufgabe 1 nochmals.
Wie viele Ausrufe und wie viele Fragen gibt es?

3 Lies die Sätze und betone richtig.

4 (!) oder (?): Setze das richtige Satzzeichen.
Lies die Sätze. Achte auf die richtige Betonung.

a) Das war ein tolles Tor ◯

b) Wer hat das Tor geschossen ◯

c) Wir haben gewonnen ◯

d) Pass doch auf ◯

5 Verbinde die Satzteile richtig.
Lies die Sätze dann laut und betont vor.

1. Wie viele Tore	A. da kommt Sven!
2. Pass auf,	B. sind gefallen?
3. Wir haben	C. das Tor geschossen?
4. Wer hat	D. gewonnen!

6 Nimm alle Sätze von Aufgabe 1–4 auf Kassette auf.
Hör dir deine Aufnahme an: Hast du richtig betont?

Wiederholung

1 Karlo schreibt seinem Freund eine Postkarte aus dem Urlaub. Lies den Text mehrmals durch. Versuche jedes Mal ein wenig schneller zu werden. Betone Ausrufesätze und Fragesätze.

Hallo, Peter!

Ich bin gerade mit Konfetti für zwei Wochen in Italien. Hier am Meer gefällt es mir sehr gut. Ich gehe jeden Tag schwimmen und Konfetti jagt die Möwen. Das Essen ist auch klasse.

Was machst du in deinen Ferien?

Viele Grüße, dein Karlo

2 Lies den Text von Aufgabe 1 nochmals und decke ihn dann ab. Unterstreiche alle richtigen Sätze.

a) Karlo ist mit seiner Freundin in Italien.

b) Er geht jeden Tag schwimmen.

c) Die beiden sind drei Wochen in Italien.

d) Konfetti jagt Schildkröten.

e) Karlo findet das Essen klasse.

3 Hast du einen Freund oder eine Freundin, der/die weit weg wohnt?
Schreibe ihm/ihr eine Postkarte.

4 Im Urlaub kauft Karlo seinem Neffen ein Rennauto.
Welche Beschreibung passt zum Bild? Lies genau.

a) Das Auto ist grün und hat gelbe Stoßstangen.
Außerdem hat es große, runde Scheinwerfer.

b) Das Auto ist grün und hat rote Stoßstangen.
Außerdem hat es große, runde Scheinwerfer.

5 Karlo bekommt einen Brief von Peter.
Kannst du ihn lesen? Streiche alle W und V weg.

VWHALLO,WWVVKARLO!

VICHVWBINVWGERADEWWINVWVENGLAND.

VWLEIDERWVREGNETWVVESVWIMMER.

ABERVWICHVWMACHEWVTOLLEVWW

WWVWWWVVAUSFLÜGE.

VWBISWBALD,VWDEINVWPETER

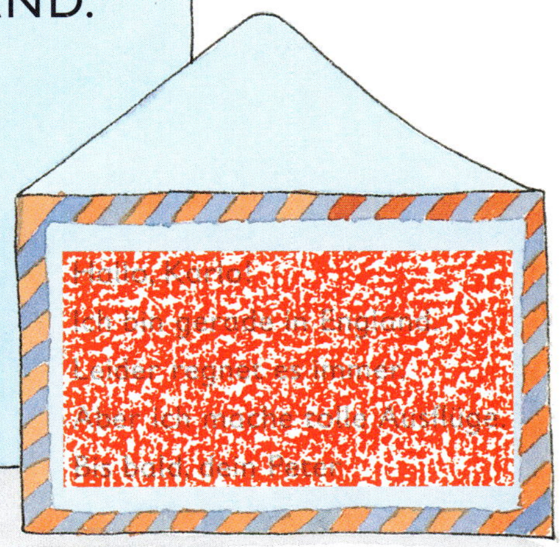

6 Karlo bekommt noch einen Brief von Peter.
Ergänze ihn und lerne den Reim auswendig.

Aus der weiten Ferne

schicke ich dir ______

viele liebe ______

an deine großen Füße.

Knack den Code

Auf jeder Doppelseite (Seite 36 – 63) findest du eine kleine braune Lupe. Darin steht jeweils eine Zahl.

- Schreibe die Zahlen nacheinander auf die Linien.
- Ersetze sie dann durch die Buchstaben, die auf dem Zettel versteckt sind: zum Beispiel 7 durch den Buchstaben A.
- Trage jeweils den passenden Buchstaben unter der Zahl ein. Wie heißt der Lösungssatz?

CODE

1 =	4 =
8 =	5 =
7 =	14 =
11 =	3 =
9 =	2 =

___ ___ ___ ___ ___ 4 ___ ___ ___

___ ___ ___ ___ ___ ___ 7 9 1 3 !

Code geknackt:

Fingerabdruck

Datum

Mein Detektivname

Unterschrift

Schreiben und Lesen

Bestimmen und vergleichen

1 Florian lässt seine Hasen im Garten laufen.
Ein Hase sieht ein bisschen anders aus.
Findest du den Unterschied? Kreuze an.

2 Welchen Gegenstand kann Konfetti nicht
im Garten entdecken? Kreuze an.

3 Drei Buchstaben passen nicht zu den anderen.
Umkreise sie und schreibe sie auf.

M M M M M X M M M M
M M M M M M M M N M
M M M W M M M M M M

[redacted]

4 Ein Schmetterling flattert vorbei. Malst du ihm ein buntes Muster? Umkreise alle *d* mit Rot, alle *p* mit Grün und alle *b* mit Blau.

5 Male die Bilder aus. Verbinde jedes Bild mit dem passenden Anfangsbuchstaben. Schreibe diesen dann rechts neben das Bild.

A

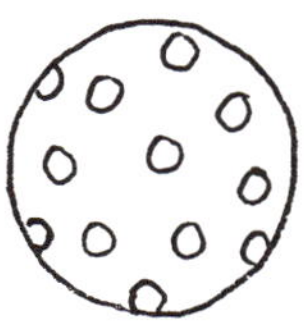 ____________

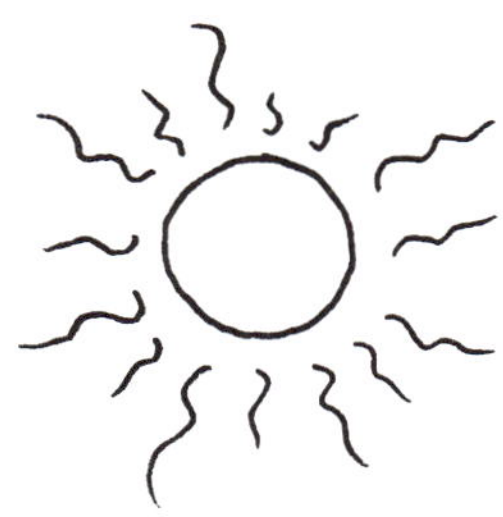 ____________

B

 ____________

S

6 Welcher Buchstabe kommt auf jeder Blüte vor? Suche ein Tier, das mit diesem Buchstaben anfängt.

____

Leseübungen

1 Lies die Wörter laut vor. Welche Dinge kannst du auf dem Bild entdecken? Umkreise die Wörter bunt.

2 In jedem der drei Buchstaben ist ein Wort versteckt. Findest du das Wort? Lies es laut vor.

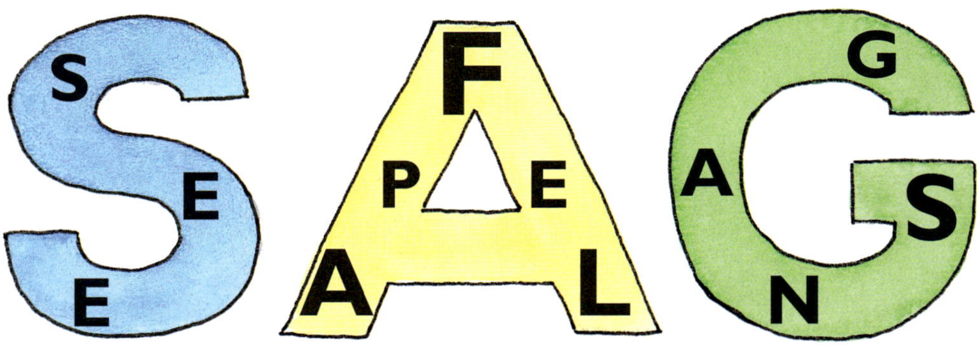

3 Findest du die Reimwörter?

blau	See	Baum
schl au ______	F ______	Sch ______
gen ______	Kl ______	Tr ______

4 Suche hier die Wörter aus Aufgabe 3. Male sie bunt an.
Welchen See-Bewohner entdeckst du?

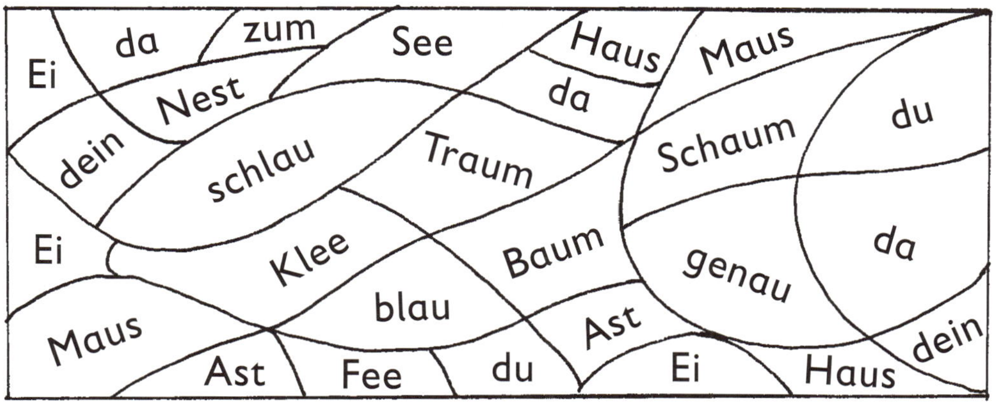

5 Konfetti hat im See eine Flaschenpost mit einem Brief in Geheimschrift gefunden. Kannst du ihn lesen?
Tipp: Du musst Buchstaben durchstreichen.

FHALLO GTINA,
BWIR MFAHREN UZUM
LBADEN TAN EDEN HSEE.
RZUM KABENDESSEN
DBIN WICH XWIEDER MDA.
LDEINE KMELANIE

6 Ordne die Wörter so, dass ein Zungenbrecher entsteht. Schreibe den Satz auf.
Versuche, den Satz flüssig zu lesen.

Fröscheforscher
fängt Franz Frösche
fröhlich freche

Schreibübungen

1 a) Schau dir Karlos Einkaufsliste an. Welche dieser Dinge kann man nicht auf dem Markt kaufen? Kreuze sie an.

b) Schreibe neben jedes Bild das passende Wort. Die Wörter im Kasten helfen dir.

Banane, Blume, Katze, Apfel, Maus, Brille

2 Lies den Text laut. Nach jedem Bild siehst du zwei Wörter. Aber nur eines passt. Umkreise es.

Karlo hat  Äpfel / Bananen gekauft.

Sie liegen in seinem  Korb / Koffer .

Auf seinem Einkaufs-  Pinsel / Zettel

stehen noch  Birnen / Bienen .

3 Was klaut Konfetti aus Karlos Korb?
Ergänze die Buchstaben und schreibe das Wort noch einmal darunter.

die To ___ ate

____

die Bi ___ ne

____

4 Streiche alle blauen Wörter durch.
Streiche alle Tiere mit vier Buchstaben durch.
Streiche alle Obstsorten durch.
Streiche das Wort, das sich auf Luftmatratze reimt.

ich	Maus	Apfel	du	Ente
Hund	er	Banane	Vogel	
Katze	wo	Kirsche		

Das Lösungswort heißt ______________ .

5 Willst du wissen, welche Früchte Karlo gern isst?
Dann setze die Wörter zusammen und schreibe sie auf.
Male die Früchte in die leeren Obstkisten.

______________ ______________ ______________

Lesehilfen

1 Welche Dinge brauchen Lisa und ihre Mutter zum Backen? Lies die Wörter und klatsche bei jeder Silbe. Schreibe die Wörter zusammengesetzt auf.

But-ter ____________________

Ei-er ____________________

Zu-cker ____________________

Schüs-sel ____________________

2 Welchen Gegenstand entdeckt Konfetti unter dem Tisch? Male alle Felder aus, in denen du diese Silben entdeckst.

Scho-ko-la-den-guss Tas-se ko-chen es-sen

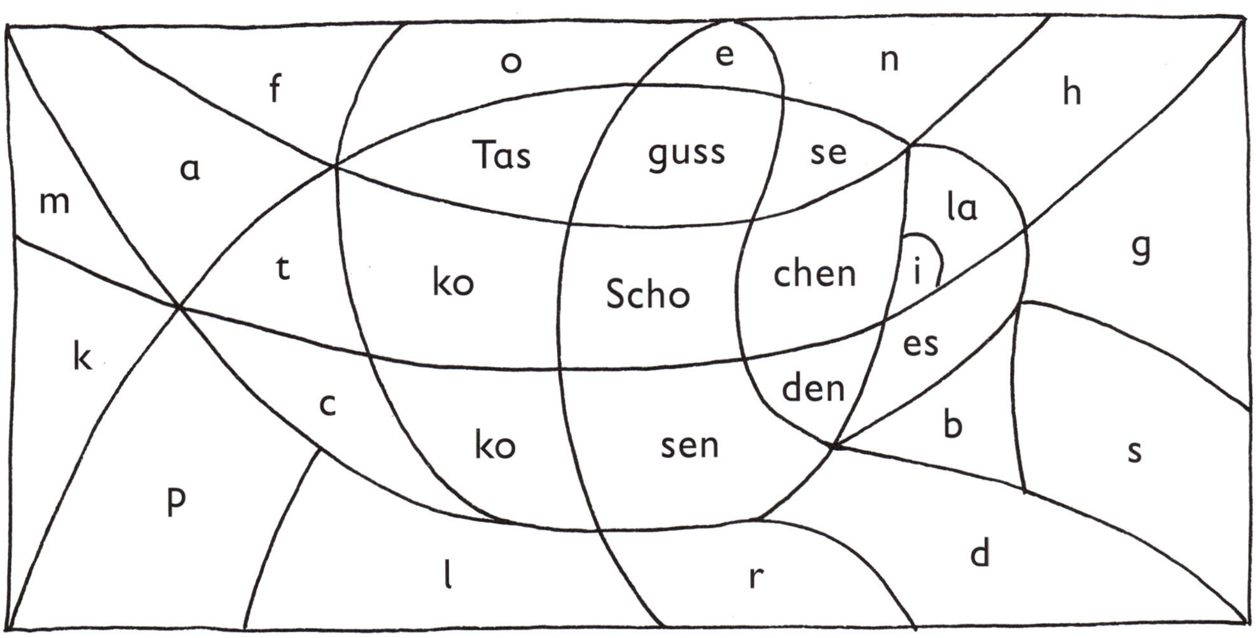

Konfetti entdeckt eine ____________________.

3 Auf jeder Schüssel steht nur ein sinnvolles Wort.
Unterstreiche die zwei Silben, die zusammengehören.
Schreibe die Wörter auf.

4 Male unter alle Silben Schwünge.
Lies den Text laut vor.

Lisa nascht vom Schokoladenguss.

Ihre Mutter holt den Puderzucker aus dem Regal.

Zum Schluss verzieren sie den Kuchen mit Zuckerschrift.

5 Lies den Text oben mehrmals laut.
Klatsche oder stampfe bei jeder Silbe.

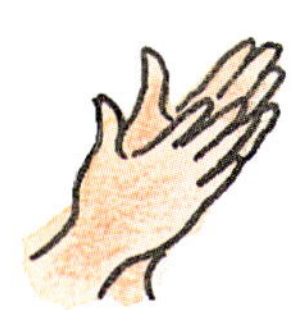

Tipp Du kannst schwierige Wörter leichter lesen, wenn du unter die Silben Schwünge malst und bei jeder Silbe klatschst.

Namenwörter

1 Karlo sucht in jeder Reihe ein Tier. Unterstreiche es.
Schreibe das Wort aus jeder Zeile auf.

Tanne Tisch Tuch Fisch
Maus Haus Mann Max
Hut Hand Hund Wunde
Hose Hase Nase Vase

[redacted]

2 Lies dir genau durch, was Karlo sagt. Findest du
alle Namenwörter? Umkreise sie mit einem Buntstift.
Schreibe sie dann mit dem passenden Begleiter auf.
Die Regel hilft dir.

[redacted]

Regel Namenwörter sind Namen für Menschen, Dinge oder Tiere. Sie werden großgeschrieben. Namenwörter erkennst du daran, dass sie einen Begleiter *(der, die, das)* haben.

3 Finde die Tiere in der Wörterschlange. Unterstreiche sie und schreibe sie mit ihrem Begleiter auf die Linien.

____

____

4 Sieh dir die Bilder genau an. Welche Namenwörter sind hier abgebildet? Unterstreiche sie.

Hose
Hase
Nase
Vase

Stall
Stühle
Stiel
Stern

5 Diese Namenwörter sind durcheinandergeraten. Erkennst du sie trotzdem? Schreibe die Wörter mit dem richtigen Begleiter auf. Fällt dir zu den Wörtern auch eine Geschichte ein?

TAUO das A ____________ BMAU ____________

GILE ____________ KNDI ____________

[redacted] [redacted]

Tunwörter

1 Schau dir das Bild genau an. Kannst du die Fragen unten richtig beantworten? Kreuze an.

	Ja	Nein
Taucht das Kind mit den Flossen?		
Springt ein Junge ins Wasser?		
Winkt die Frau am Beckenrand?		
Spielt ein Mädchen mit einem Ball?		

[redacted]

2 Was tun die Badegäste? Trage die Tunwörter in der Grundform in das Rätsel ein.

das Kind: ☐☐☐☐☐☐☐

der Junge: ☐☐☐☐☐☐☐☐

die Frau: ☐☐☐☐☐

das Mädchen: ☐☐☐☐☐☐☐

[redacted]

3 Was kannst du im Schwimmbad alles tun?
Lies die Sätze laut vor und trage die fehlenden Wörter ein. Schreibst du sie klein oder groß?

Im 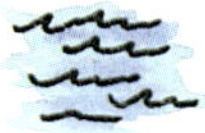 kann man ______________ .

Ein  kann man ______________ .

Mit einem  kann man ______________ .

Regel Tunwörter werden immer kleingeschrieben. Sie sagen aus, was jemand tut.

4 Konfetti hat Sätze durcheinandergebracht. Hilfst du, sie zu ordnen? Gib den Satzteilen Nummern und lies die richtigen Sätze laut vor.

1	Jan	3	im Wasser.	2	schwimmt
	sind		im Schwimmbad.		Die Kinder
	viel Spaß.		Sie		haben

5 a) Konfetti ist mit seinen Pfoten über das Buch gelaufen. Trage die fehlenden Buchstaben ein.

b) Schaffst du es, den Text fehlerfrei vorzulesen?

Ein etter rosch wollte röhliche
liegen ressen. Doch die liegen
logen link und winkten rech.

9

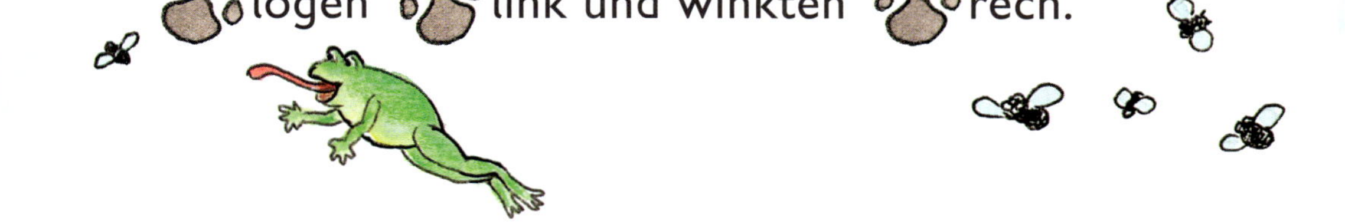

Wiewörter

1 a) Lies den Text.

Der große Clown hat eine rote Nase,
eine blaue Hose, einen gelben Hut
und grüne Schuhe.

b) Wie sieht der große Clown aus?
Male die Bilder richtig aus.
Schreibe dann die Wiewörter auf.

Die Nase des Clowns ist  ______________ .

Seine Hose ist  ______________ .

Sein Hut ist  ______________ .

Seine Schuhe sind  ______________ .

Regel Wiewörter werden immer kleingeschrieben.
Sie sagen dir, wie etwas ist.

2 Hilfst du Karlo, alle Wiewörter zu finden?
Kreise sie ein und schreibe sie auf.

k	l	e	i	n
b	u	n	t	e
l	s	r	o	t
a	t	o	l	t
u	i	s	l	v
x	g	a	B	t

____

____

____

____

3 Im Zirkus gibt es tolle Dinge zu sehen. Welche Wörter passen zu den Bildern? Unterstreiche sie.

traurig
lustig
müde

klein
blau
groß

fröhlich
weiß
gefährlich

orange
frech
riesig

4 Welches Tier findet Konfetti sehr aufregend?
Lies dir den Text genau durch, dann weißt du es.

> Es ist sehr groß. Seine Haut ist grau.
> Es hat vier Beine und riesige Ohren.
> Außerdem hat es zwei lange Stoßzähne.
> Mit seinem Rüssel kann es laut trompeten.

5 Schreibe ein ähnliches Tierrätsel auf.
Ein anderes Kind soll das Tier erraten.
Beschreibe es ihm möglichst genau.
Verwende viele Wiewörter.

____

____

____

____

Male hier dein Tier auf.

Groß- und Kleinschreibung

1 Was packt Detektiv Karlo für seine Reise ein?
Trage die fehlenden Wortanfänge ein. Schreibe die Wörter mit ihrem Begleiter noch einmal auf die Linien.

_P_ullover, ____ose,

____rümpfe, ____uhe,

____ahnbürste, ____uch,

____andtuch, ____ecker,

____ütze, ____emd

der Pullover, ____________________

____

____

Regel Namenwörter und Wörter am Satzanfang werden immer großgeschrieben.

2 Mit welchem Zug muss Karlo fahren?
Lies den Text und kreuze den richtigen Zug an.
Unterstreiche dann die Namenwörter.

Der Detektiv fährt in eine große Stadt.
Dort leben sehr viele Menschen.
Sie liegt in Deutschland.

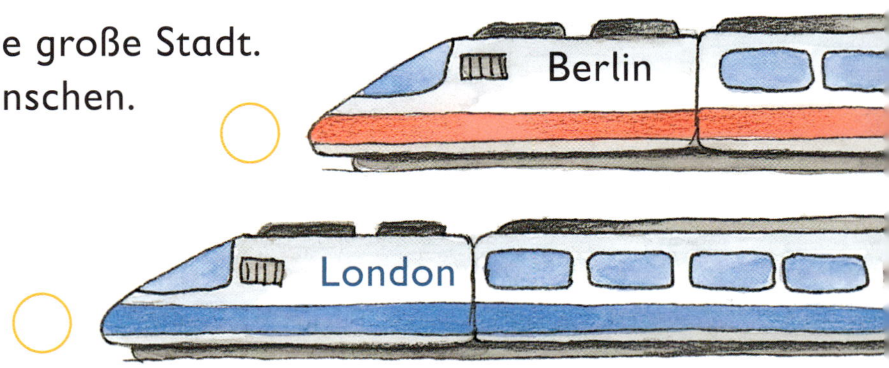

[redacted]

3 Lies den Text laut vor. Schreibe die fehlenden Wörter mit Begleiter unten auf die Linie.

Karlo fährt mit dem  . Während der Fahrt

liest er ein  und isst von seinem  .

Dann schaut er aus dem Fenster: Die  scheint.

der Zug, ______________________

4 Kannst du die Waggons so verbinden, dass richtige Namenwörter entstehen? Schreibe sie mit Begleiter auf die Linien.

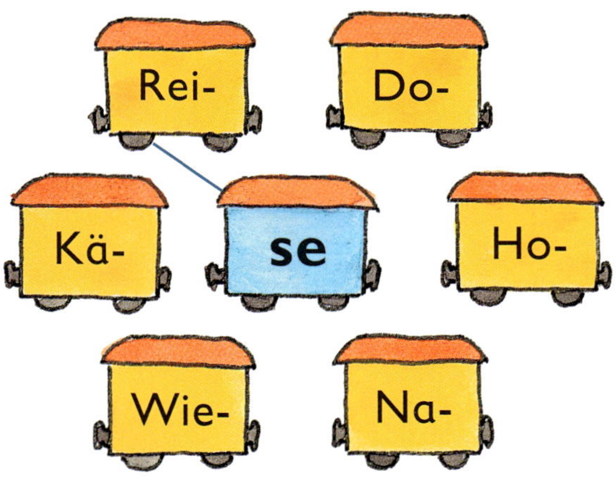

die Reise, ______________________

____

____

____

5 Lies den Text. Hier ist alles kleingeschrieben. Streiche durch, was falsch ist. Schreibe die Wörter richtig darunter.

am bahnhof wartet karlo auf seinen freund. er ist schon ganz aufgeregt und schaut sich neugierig um.

____

Kurze Selbstlaute

1 Thomas und Lena sammeln Blätter im Wald.
Lies die Wörter laut. Welches Wort gehört nicht auf das Blatt? Streiche es durch.

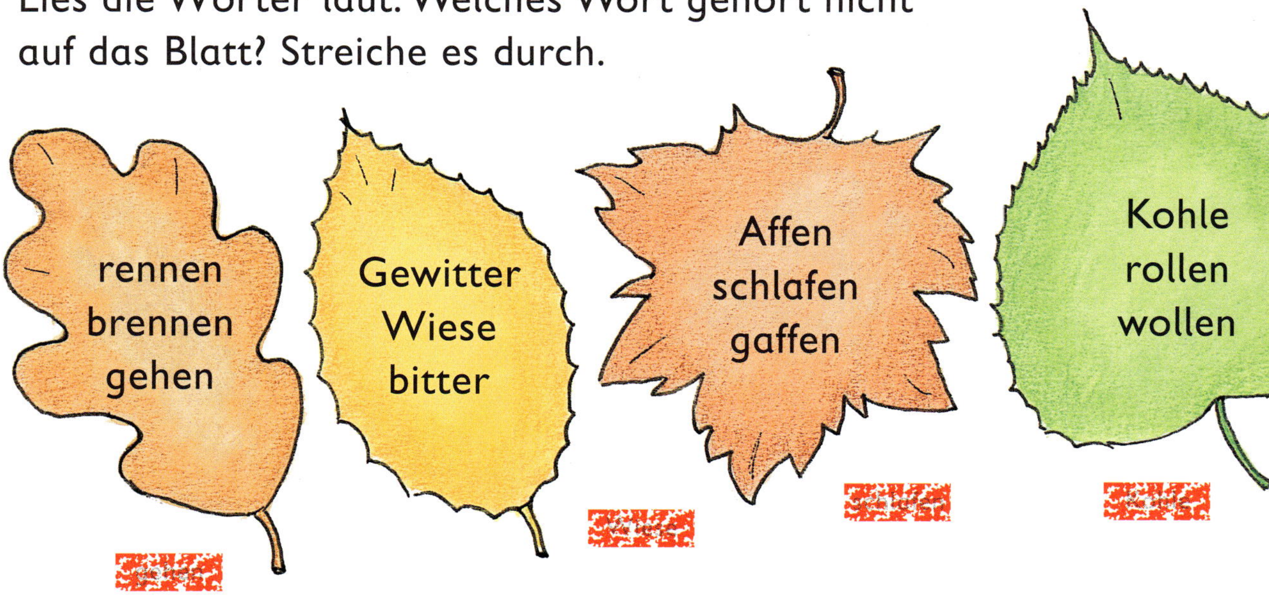

Regel Die Buchstaben *a, e, i, o* und *u* nennt man Selbstlaute. Die anderen Buchstaben nennt man Mitlaute.

Lies die Wörter, die übrig bleiben, laut.
Sprichst du die Selbstlaute kurz oder lang?

2 Lies die Wörter laut. Male alle Felder an, in denen ein Wort mit kurzem Selbstlaut steht.

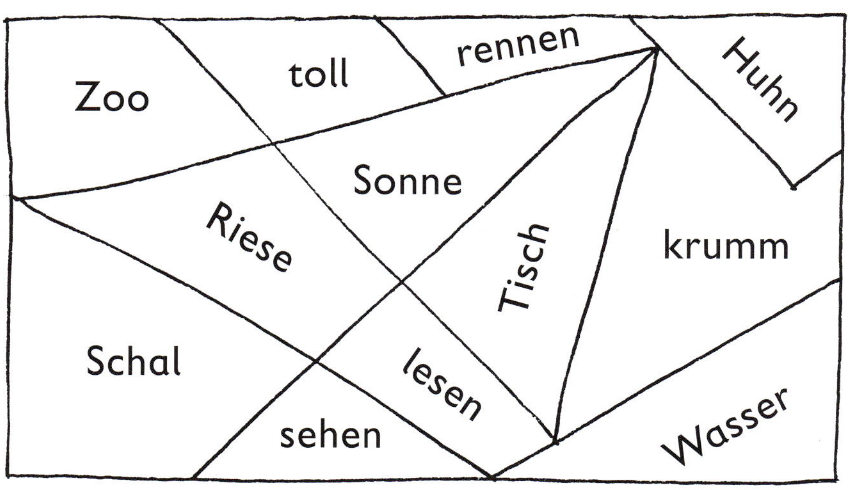

3 Welche Dinge entdecken Thomas und Lena im Wald? Trage die fehlenden Selbstlaute auf dem Busch ein.

der ___ st

der ___ pfel

der B ___ ch

die Sp ___ nne

4 Lies die Wörter in der Wörterschlange laut. Unterstreiche die Wörter mit kurzem Selbstlaut. Schreibe diese Wörter mit ihrem Begleiter auf.

____

____

5 Sprich die Wörter laut. Wo hörst du einen kurzen Selbstlaut? Schreibe die Wörter auf.

[redacted]

____

____

Lange Selbstlaute

1 Was kaufen Leonie und ihre Mutter ein?
Setze die fehlenden Wörter in die Lücken ein.
Du findest sie auf der Einkaufstüte.

Leonies Mutter kauft einen ____________.

Leonie probiert eine ____________ und ____________ an.

Dann kaufen sie beim Bäcker ein ____________.

[redacted]

Lies die Wörter, die du geschrieben hast, mehrmals laut. Wie sprichst du den Selbstlaut: kurz oder lang?

Tipp Wörter mit langem Selbstlaut erkennst du oft am Dehnungs-h (zum Beispiel Sch<u>uh</u>) und an doppelten Selbstlauten (zum Beispiel S<u>ee</u>).

2 Was kann man im Kaufhaus alles kaufen? Setze die fehlenden Selbstlaute a, e, o, u ein, dann weißt du es.

3 Konfetti hat viele Kleider durcheinandergebracht.
Ordne die Wörter mit langem Selbstlaut und schreibe sie auf die Linien. Achte auf die Endungen.

Wörter mit ee: Schnee, ______________________

Wörter mit oo: ______________________

4 Karlo hat sich ein Rätselheft gekauft.
Hilfst du ihm, das Rätsel zu lösen?

Im Winter trägt man einen S c h a l .

Auf der Weide steht eine _ _ _ .

Ein Buch kann man _ _ _ _ _ .

Zum Backen braucht man _ _ _ _ .

5 Suche die passenden Reimwörter.
Fällt dir auch ein kurzes Gedicht dazu ein?
Schreibe es auf ein extra Blatt.

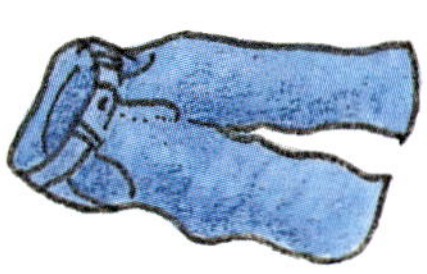
Hose

R ______________

Hase

V ______________

Schal

W ______________

Mehrzahlbildung

1 Timo hilft seinen Eltern bei der Apfelernte.
Wie heißt die Mehrzahl der Wörter?
Verbinde die Wörter, die zusammengehören.

der Apfel	die Körbe
das Haus	die Äpfel
die Hand	die Bücher
das Buch	die Hände
der Korb	die Häuser

Tipp Die Mehrzahl wird oft mit einem Umlaut gebildet:
Apfel – Äpfel, Baum – Bäume. Umlaute erkennst du an den zwei Punkten über einem Selbstlaut: ä, ö, ü.
Der Begleiter in der Mehrzahl ist immer *die*.

2 Suche die Einzahl und schreibe die Wörter mit dem Begleiter auf.

die 

der Apfel

die 

____

die 

____

die 

____

die 

____

die 

____

3 Willst du wissen, welche der Äpfel Konfetti anknabbert? Dann male alle Äpfel grün an, unter denen ein Wort in der Mehrzahl steht.

- 3 Kinder
- 7 Hunde
- 5 Apfel
- 9 Vögel
- 15 Blumen
- 6 Häuser
- 12 Hase
- 2 Baum
- 11 Hasen
- 4 Bälle

4 Male die Felder mit den Lösungszahlen aus Aufgabe 3 an. Was fotografiert Karlo?

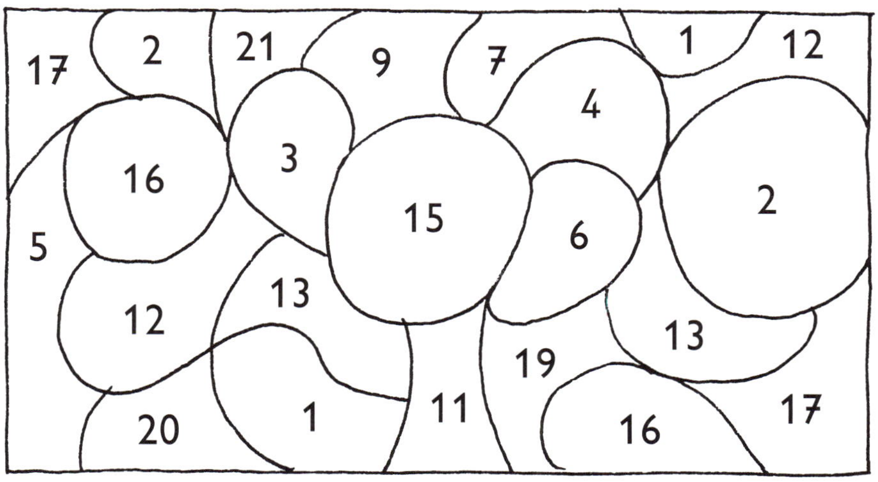

5 Tippe blind mit dem Finger auf eines der Buchstabenfelder. Nenne ein Wort mit diesem Anfangsbuchstaben. Weißt du die Mehrzahl zu diesem Wort, darfst du das Feld ausmalen. Findest du für jedes Feld ein Wort?

R	M	T	B	N	S
W	A	L	H	D	E

Wörter mit ei und au

1 Peter hat ein Baumhaus im Wald entdeckt. Er klettert neugierig die Leiter hinauf. Finde die Reimwörter.

Leiter	Brei	Seife
w	E	Schl
[redacted]	[redacted]	[redacted]

2 Von der Baumleiter aus hat Peter einen tollen Ausblick. In welchen Wörtern findest du noch die Silbe au? Kreuze an und schreibe die Wörter auf.

 ☒ 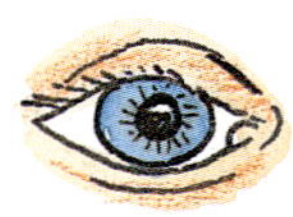 ☐

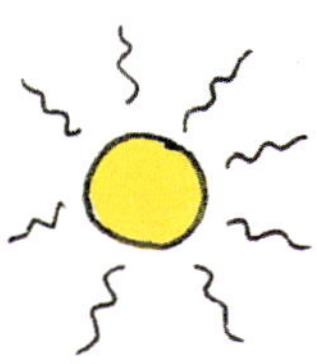 ☐  ☐

 ☐  ☐

Baum, ______________________________

3 Finde die Wörter in der Strickleiter. Unterstreiche sie und schreibe sie auf die Linie.

______________________________ [redacted]

4 Das kleine Flugzeug zieht Wörter hinter sich her.
Überlege: Fehlt hier *ei* oder *au?* Setze ein.

5 Löse das Rätsel. Die Buchstaben in den blauen Kästchen ergeben ein Lösungswort.

6 Setze die fehlenden Wörter mit *ei* oder *au* in die Lücken ein. Die Silben helfen dir.

Karlo nimmt seinen Hund an die ____________ .

Nach einer ____________ lässt er ihn ________ ____________ . Im Gebüsch findet Konfetti einen alten ____________ .

Wörter mit SCH, ST und SP

1 Lies den Text unten laut vor.
Unterstreiche alle Wörter,
die mit *ST*, *SCH* und *SP* beginnen.

Stefan und seine Schwester Jule
gehen zum Spielplatz. Sie haben
dort immer großen Spaß.
Jule will schaukeln und Stefan
gibt Schwung.

[redacted]

Regel Wenn du nach
dem Laut *Sch/sch p* oder *t* hörst,
dann schreibe: Sp/sp oder St/st,
z. B. Spiel, stehen.

2 a) Trage die Wortanfänge richtig ein.
Benutze die Wortanfänge auf dem
Eimer.

die Sch aukel	die ____ eine
die ____ ur	der ____ aten
der ____ ift	der ____ ern

[redacted]

b) Welche Buchstaben fehlen: *sp*, *st* oder *sch?*

____olpern ____wimmen ____ielen ____reiben

[redacted]

3 Bilde Reimwörter. Benutze die vorgegebenen Wortanfänge und schreibe die Wörter auf.

eng	Biene	Nabel
streng ______	Sch ______	Sch ______

Ecke	Mal	auch
Str ______	sch ______	Str ______

4 Kannst du die Quatschsätze so ordnen, dass jeder Satz einen Sinn ergibt? Trage für passende Satzteile die gleiche Zahl in die Kreise ein.

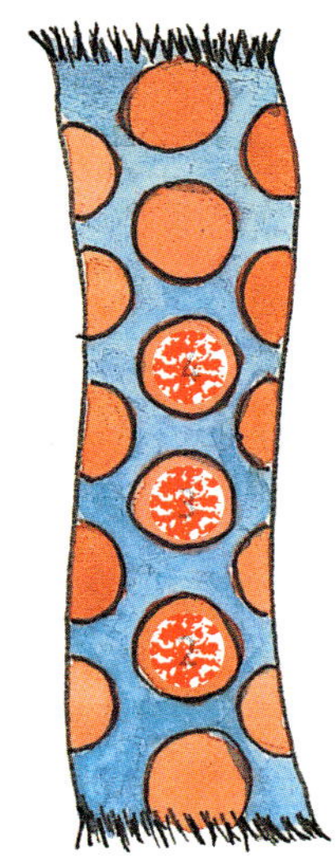

1	Stefan geht in	einen Schal.	◯
2	Jule hüpft mit	einem Stift.	◯
3	Stefan schreibt mit	ihrem Springseil.	◯
4	Im Winter trägt Jule	einen Sportverein.	1

5 Kannst du das Rätsel lösen?

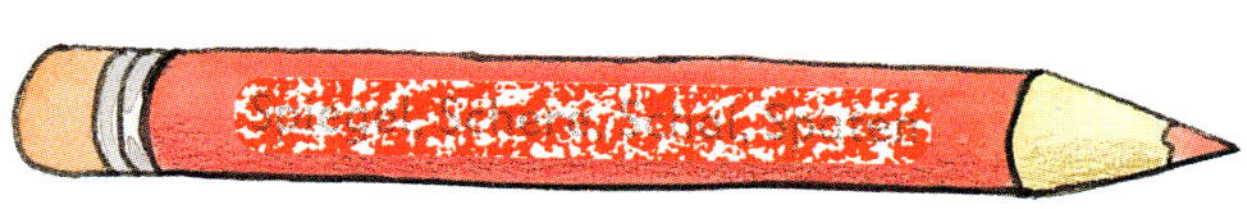

1. Darin kannst du dein Gesicht sehen: ☐☐☐☐☐☐☐
2. Damit kannst du Papier schneiden: ☐☐☐☐☐☐
3. Den trägt man, wenn es kalt ist: ☐☐☐☐☐
4. Damit kannst du im Garten graben: ☐☐☐☐☐☐

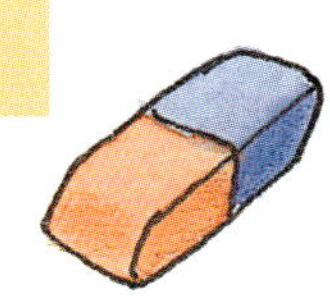

Übungen zum Alphabet

1 Trage die fehlenden Großbuchstaben in das Alphabet ein. Findest du für jeden fehlenden Buchstaben einen Tiernamen?

A	B	C	D	E	
G			J	K	
M		O		Q	R
S		U	V		X
Y	Z				

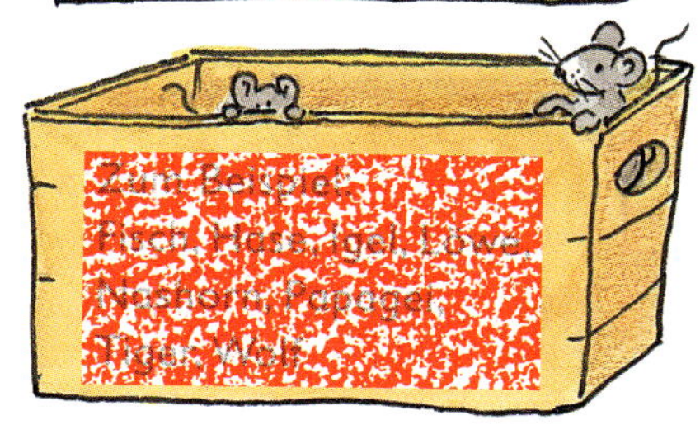

Elefant, ______________________

____

____

____

2 Hier sind Buchstaben durcheinandergeraten. Bringe sie wieder in die richtige alphabetische Reihenfolge. Schreibe sie auf die Linie.

3 Was sind denn das für seltsame Tiere? Kannst du die Namen der Tiere richtig auf die Linien schreiben?

Fuchspolar — Polarfuchs

Bärameisen — ______

Wurmregen — ______

Wurfmaul — ______

Fischigel — ______

Die fünf Anfangsbuchstaben der Tiere bilden ein Lösungswort. Die Zahlen in den Kästchen sagen dir, an welcher Stelle im Alphabet diese Buchstaben stehen. Zähle einfach das Alphabet ab.

Das Lösungswort heißt

16	18	9	13	1
P				

4 a) Verbinde die Punkte in der richtigen Reihenfolge. Welches Tier siehst du?

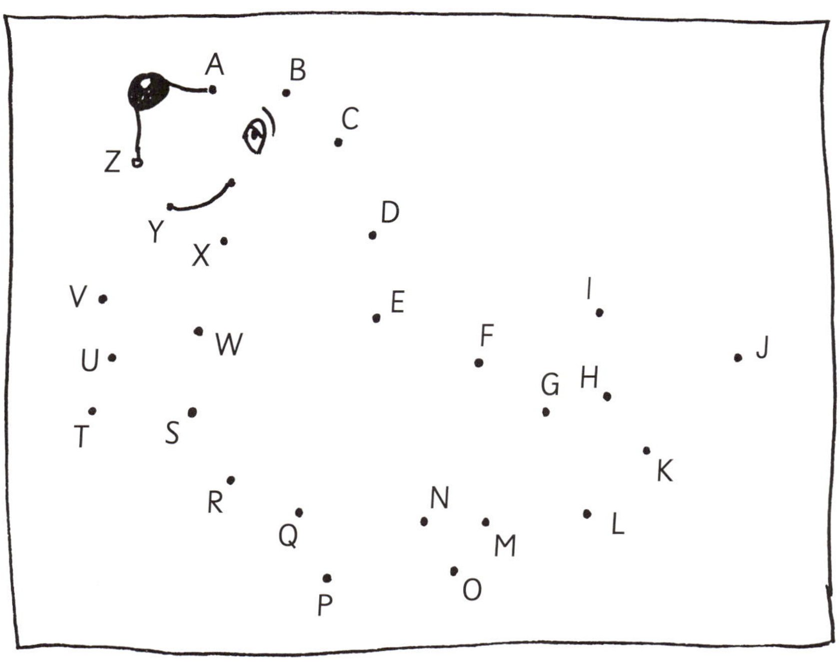

b) Male das Tier mit Buntstiften an.

Wiederholung

1 Wie viele Silben haben die Wörter? Trage ein.

Küche ☐ [redacted]

Fahrrad ☐ [redacted]

Eisenbahn ☐ [redacted]

Tipp Wenn du eine Antwort nicht weißt, schau noch einmal vorne nach.

2 Suche die Tiere mit kurzem Selbstlaut und unterstreiche sie. Schreibe sie mit ihrem Begleiter auf.

Affe **Giraffe** **Aal**

Wal **Gnu** **Grille** **Gazelle**

Flusspferd **Schneehase**

[redacted]

3 Welche Wörter in der Wörterschlange werden großgeschrieben? Schreibe sie auf die Linien.

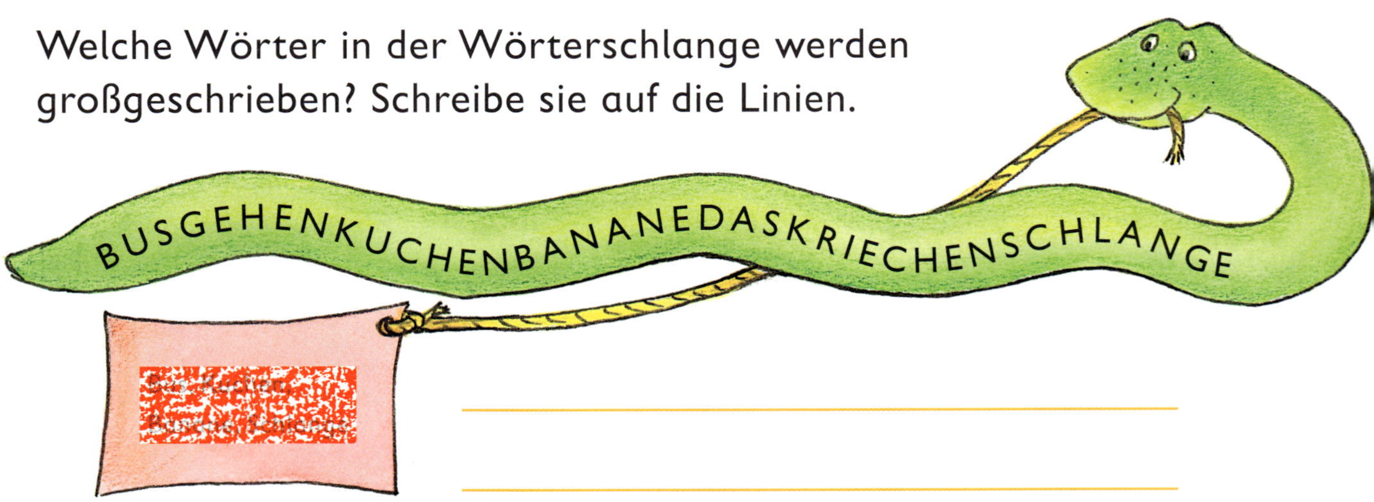

[redacted]

4 Unterstreiche die Tunwörter blau und die Wiewörter rot.

Konfetti sieht einen kleinen Vogel und wedelt mit dem Schwanz. Der Vogel hat eine rote Brust und schwarze Augen. Kennst du den Namen des Vogels?

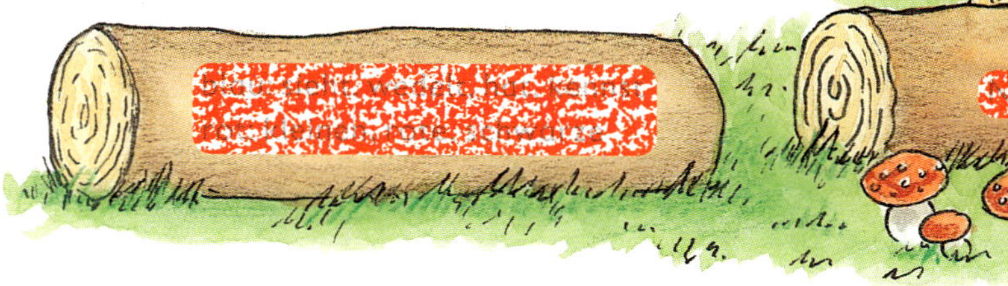

5 Bilde die Mehrzahl.

ein Haus	ein Apfel	ein Korb
zwei ______	drei ______	vier ______

6 Trage die Anfangsbuchstaben der Bilder in die Kästchen ein. Welche Wörter kannst du lesen?

 [ ] [S] [ ] 

 [ ] [U] [ ] 

 [ ] [Ä] [ ] 

7 Kannst du das Rätsel lösen?
Gesucht sind Wörter mit *ei*.

1. Wenn man in den Urlaub fährt, macht man eine … [ ][ ][ ][ ][ ].
2. Damit wäscht man sich: [ ][ ][ ][ ][ ]
3. Babys füttert man mit … [ ][ ][ ][ ].

Knack den Code

Auf jeder Doppelseite (Seite 66 – 95) findest du eine kleine braune Lupe. Darin steht jeweils eine Zahl.

- Schreibe die Zahlen nacheinander auf die Linien.
- Ersetze sie dann durch die Buchstaben, die auf dem Zettel versteckt sind: zum Beispiel 7 durch den Buchstaben A.
- Trage jeweils den passenden Buchstaben unter der Zahl ein. Wie heißt der Lösungssatz?

CODE

19 =	9 =
20 =	17 =
11 =	4 =
2 =	3 =
8 =	7 =
15 =	5 =
12 =	16 =
1 =	

___ ___ ___ 2   ___ ___ ___ ___ ___ ___ 16 ,

___ ___ ___ ___ ___ 7 3 ___ !

Code geknackt:

Datum

Mein Detektivname

Fingerabdruck

Unterschrift

Rechnen bis 20

Unterscheiden und sortieren

1 Immer zwei Gegenstände gehören zusammen.
Verbinde sie miteinander.

2 Tom braucht für die Schule vier gleiche Hefte.
Welches Heft sieht anders aus? Kreuze an.

3 Welche fünf Dinge gehören nicht in den
Schreibwarenladen? Kreise sie ein.

4 Umkreise, was zusammenpasst. Kreuze in jeder Gruppe das an, was am größten aussieht.

5 Schau dir die Radiergummis genau an.
Achte auf die verschiedenen Formen und Farben.

6 Male zu jedem Gegenstand einen weiteren dazu.
Wie viele Dinge siehst du dann insgesamt bei dieser Aufgabe?

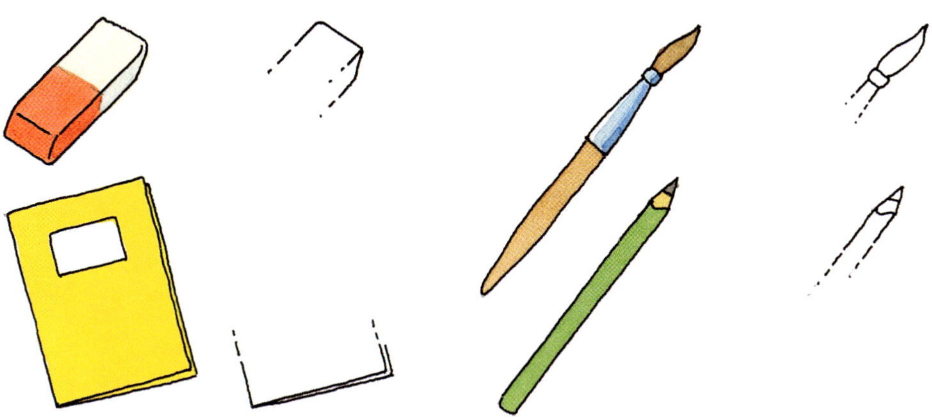

Zahlen bis 10

1 Schau dir das Bild genau an.

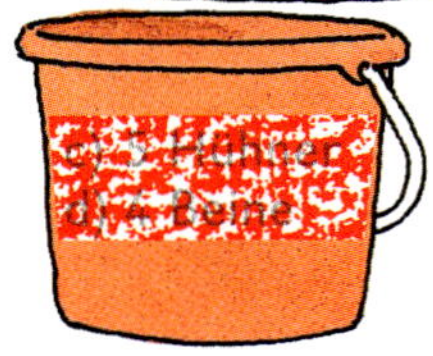

a) Wie viele Schweine siehst du? ____________

b) Von welchen Dingen kannst du 2 entdecken?

____

c) Siehst du auf dem Bild 4, 5 oder 6 Hühner? ____

d) Wie viele Beine hat Konfetti? ____________

2 Zähle die Äpfel und die Eier. Male jeweils noch 2 dazu. Wie viele Eier und Äpfel sind es jetzt?

3 Welches Tier entdeckt Konfetti?
Verbinde die Zahlen von 1–10 der Reihe nach.

4 Wie viele Tiere kannst du hier sehen?
Verbinde sie immer mit der richtigen Zahl.

3

5

2

4

5 Die kleinen Hofhunde möchten gern
genauso viele Punkte haben wie ihr Papa.
Malst du ihnen die fehlenden Punkte dazu?

Mengendarstellungen

1 Schau dich in Melanies Zimmer um und vergleiche die Anzahl der Dinge. Trage das passende Zeichen in die Kästchen ein. Der Tipp unten hilft dir.

Tipp Du kannst Dinge mit diesen Zeichen ganz einfach vergleichen.

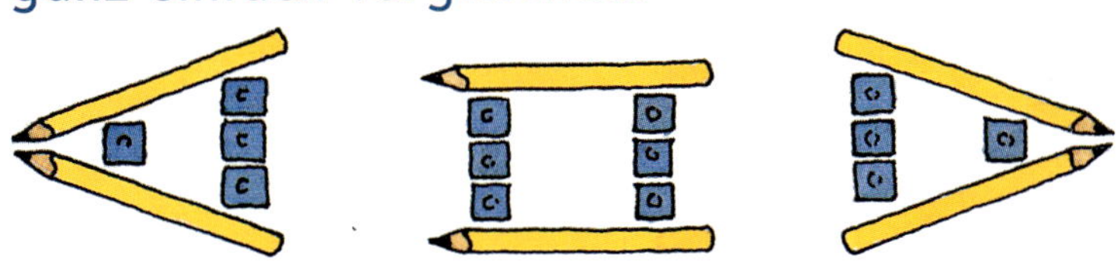

kleiner als | gleich | größer als

2 Melanie hat viele Spielsachen. Umkreise, was zusammenpasst. Trage die Mengen ein.

3 Bären

2 Bauklötze

5 Figuren

4 Spielautos

3 Zähle die Bauklötze jeder Farbe.
Trage die Ziffern und Zahlwörter ein.

4, vier

3

6

5

4 Konfetti bekommt von jeder Form 5 Kekse.
Umkreise sie bunt. Wie viele Kekse sind im Napf?

5 Welche Tiere gehören in den Zoo, welche auf den Bauernhof? Verbinde sie mit der richtigen Kiste.
Wie viele Tiere sind nun in jeder Kiste?

Vergleichen und ordnen

1 Lisa hat Geburtstag. Die Geschenke von ihren Eltern sind mit Zahlen beschriftet. Hilf Lisa, sie zu ordnen. Beginne mit der kleinsten Zahl.

1, 2, 4 5 7 8 10

2 Am Nachmittag feiert Lisa mit ihren Freunden. Sie machen ein Ratespiel. Ergänze die Zahlen auf der Tafel. Die Regel hilft dir.

Regel Der Vorgänger steht vor einer Zahl, der Nachfolger steht dahinter: 5 6 7

3 Lisa hat mehrere Dinge doppelt bekommen.

4 Kannst du die Zeichen < > = auch zwischen den Zahlen auf den Geburtstagskerzen einsetzen?

5	>	4	3	<	7	9	>	8
2	<	6	9	=	9	7	<	9
5	=	5	10	=	10	4	<	6

5 Konfetti hat Kuchenstücke im Zimmer verteilt. Ordne sie von der größten bis zur kleinsten Zahl.

10 | 9 | 8 | 6 | 5 | 4 | 3 | 2

Plusaufgaben bis 10

1 Im Tierpark haben viele Tiere Junge bekommen. Wie viele Tiere sind es jeweils? Zähle sie und rechne die passenden Aufgaben dazu.

2 Wie viele Tiere einer Art siehst du? Schreibe die passenden Aufgaben auf die Eisschollen.

3 Im Aquarium gibt es rote und blaue Fische.
Detektiv Karlo will wissen, wie viele Fische
insgesamt dort schwimmen. Hilfst du ihm?

Karlo zählt: 7 + 3 = ___ Fische

Dann zählt er: 3 + 7 = ___ Fische

Tipp Manchmal fällt dir das Rechnen leichter, wenn du die Tauschaufgabe rechnest.

Rechne so: 4 + 5 =

5 + 4 = 9

4 Rechne und verbinde dann jede Aufgabe
mit ihrer Tauschaufgabe.

6 + 3 = ___	2 + 8 = ___
3 + 5 = ___	5 + 3 = ___
8 + 2 = ___	3 + 6 = ___

5 Würfle mit zwei Würfeln gleichzeitig. Schreibe
die passende Plusaufgabe auf und rechne aus.
Wie heißt die Tauschaufgabe?

Plusaufgabe: 4 + 3 = 7
Tauschaufgabe: 3 + 4 = 7

Minusaufgaben bis 10

1 Tom wiegt Obst und Gemüse. Weil er zu viel genommen hat, muss er aus jeder Reihe etwas zurücklegen. Streiche die richtige Anzahl durch.

8 − 5 = 3

10 − 4 = ___

5 − 1 = ___

7 − 4 = ___

7 − 5 = ___

9 − 4 = ___

Tipp Wenn du eine Aufgabe nicht lösen kannst, kannst du Knöpfe oder Murmeln zu Hilfe nehmen.
Beispiel: 10 − 5 = ?
Lege 10 Knöpfe auf den Tisch und nimm davon 5 Knöpfe weg. Zähle die Knöpfe, die dann noch auf dem Tisch liegen. Diese Zahl ist das Ergebnis.

2 Schau dir das Bild genau an. Schreibe unter jede Kiste die passende Aufgabe und rechne.

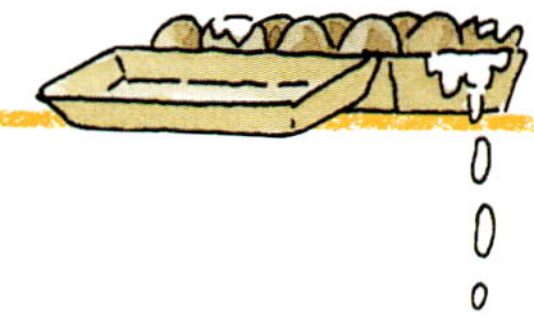

3 In jede Eierschachtel passen 10 Eier. Aber Konfetti hat ein paar Eier zerbrochen. Wie viele Eier bleiben jeweils übrig? Der Tipp hilft dir.

Tipp Rechne am Zahlenstrahl, indem du die Minuszahl nach links einträgst.

10 – 3 = 7

10 – 2 = ___

10 – 4 = ___

10 – 7 = ___

4 Detektiv Karlo kauft sich ein Rätselheft. Welches Tier ist auf der ersten Seite zu sehen? Rechne die Aufgaben und verbinde die Ergebnisse.

10 – 2 = ___

9 – 3 = ___

7 – 3 = ___

10 – 5 = ___

4 – 2 = ___

10 – 3 = ___

Zahlen bis 20

1 Heute ist in der Schule ein Sportfest.
Was möchte Jan nach seinem Rennen haben?
Trage die fehlenden Zahlen ein.

1 2 ___ ___ ___ 6 ___

___ ___ 10 ___ ___ 13 14

___ ___ 17 ___ ___ 20

Suche diese Zahlen im Bild und male sie an.

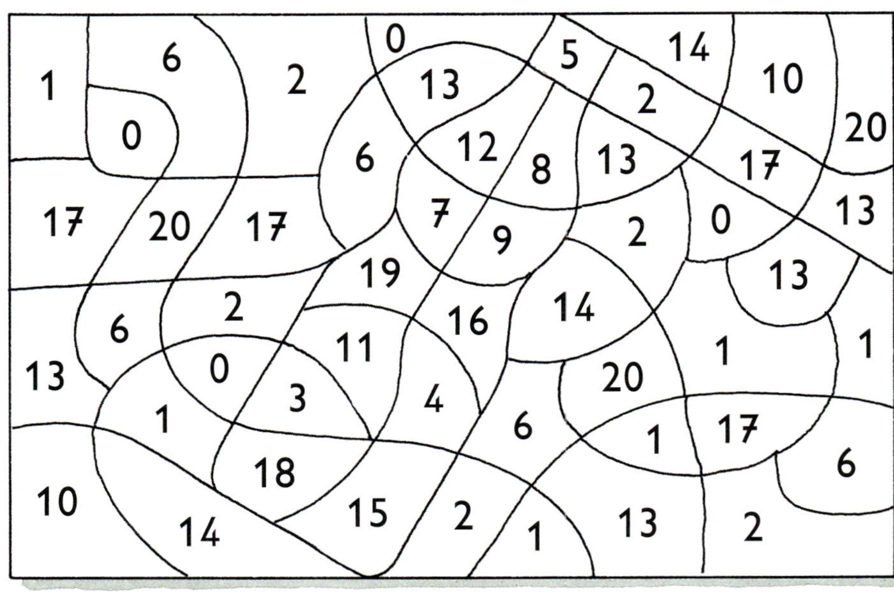

2 a) Sina macht beim 20-m-Lauf große Schritte.
Trage die 2er-Schritte auf dem Zahlenstrahl ein.

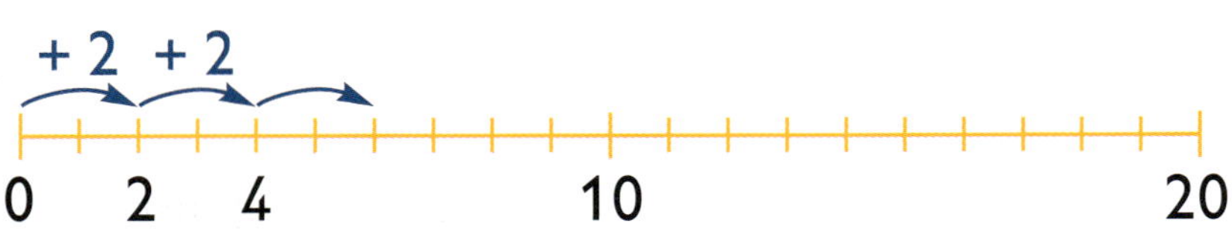

b) Jan macht doppelt so große Schritte. Trage die
4er-Schritte mit einer anderen Farbe oben ein.

3 Die Schüler machen ein Wurfspiel.
Wie viele Bälle sind im Korb gelandet?
Trage die Zahlen in die Kästchen ein.

4 Die Schüler haben Nummern auf dem Rücken.
Sie starten beim Wettlauf nacheinander.
Trage Vorgänger und Nachfolger ein.

15	16	17		___	13	___	[redacted]
17	___	19	[redacted]	___	19	___	[redacted]
13	___	15	[redacted]	___	12	___	[redacted]

5 Kannst du die Zahlenrätsel lösen?

Die gesuchte Zahl
ist um 2 größer als 16
und um 2 kleiner als 20.

Welche Zahl hat zwei
gleiche Ziffern und liegt
zwischen 10 und 20?

Stellenwerttafel

1 Am Marktstand gibt es viele Zitronen.
Wie viele sind es?

Regel 10 Einer = 1 Zehner
Trage die Zehner immer in die Z-Spalte,
die Einer in die E-Spalte ein.

10 Zitronen + 6 Zitronen = 16 Zitronen

Z	E
1	6

2 Wie viel Obst kauft Maria jeweils ein?
Trage die Anzahl in die Stellenwerttafeln ein.

Z	E

[redacted]

Z	E

[redacted]

3 An einem Stand gibt es Bonbons zu kaufen. In jeder Schachtel sind 10 grüne Bonbons und einige rote. Trage die richtige Anzahl ein.

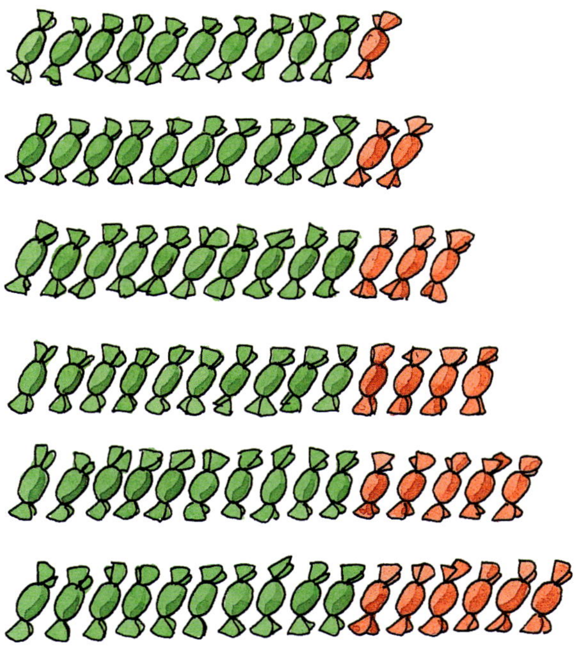

10 + 1 = ____

10 + 2 = ____

10 + 3 = ____

10 + 4 = ____

10 + 5 = ____

10 + 6 = ____

4 Verbinde die Aufgaben mit den passenden Gläsern.

10 + 8 = ____

9 + 5 = ____

8 + 7 = ____

5 + 5 = ____

5 Konfetti nascht 10 Bonbons. Dann klaut er 11 weitere Bonbons aus Karlos Koffer. Wie viele Bonbons frisst er insgesamt? Rechne und trage die richtige Zahl ein.

____

Z	E

Plusaufgaben bis 20

1 Welche Aufgaben passen zum Bild?
Schreibe sie auf die Linien.

______

______

2 Tina und ihre Freunde sammeln Pilze im Wald.
Wie viele Pilze hat jeder gefunden?

Tina: 11 + 7 = ____

Uli: 12 + 4 = ____

Jan: 15 + 5 = ____

3 Schau dir das Bild unten genau an. Wie heißt die Aufgabe zum Ergebnis auf dem Zettel?
Löse sie.

4 Konfetti entdeckt im Wald einen seltenen bunten ______________ .
Rechne die Plusaufgaben und male die Ergebnisse bunt an. Siehst du's jetzt auch?

10 + 5 = ____
19 + 1 = ____
16 + 3 = ____
11 + 0 = ____
13 + 4 = ____
12 + 1 = ____
14 + 0 = ____
15 + 1 = ____
10 + 2 = ____
18 + 0 = ____

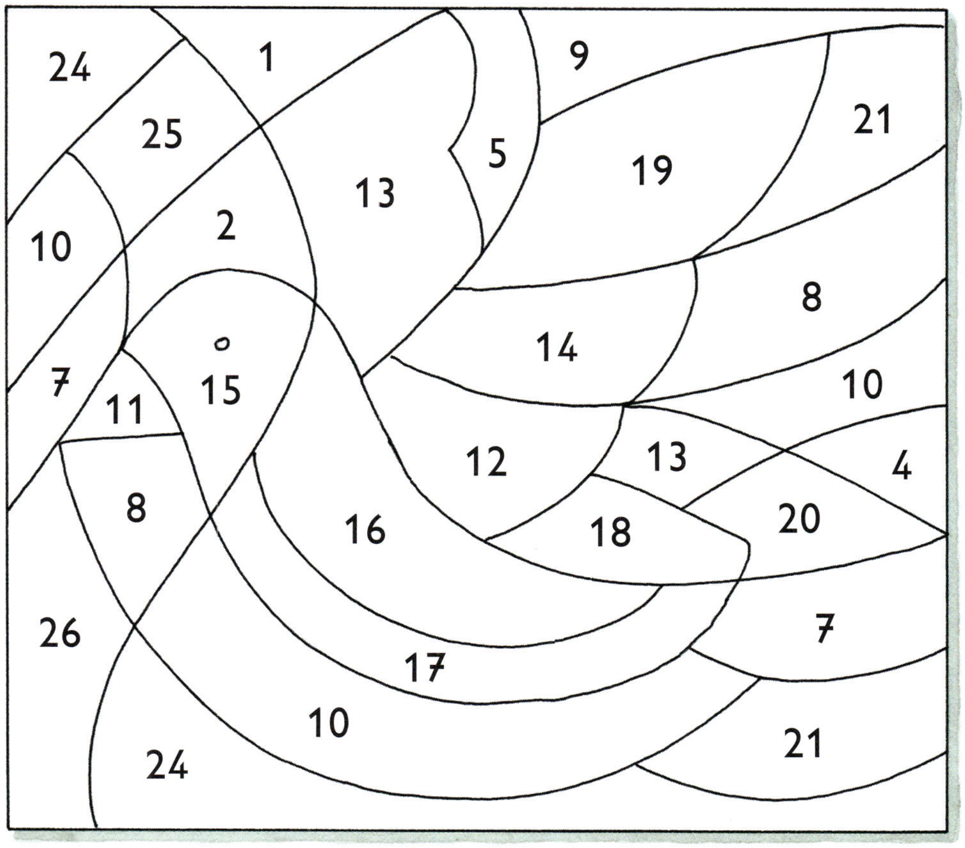

5 Wie viele Kilometer fährt Karlo mit seinem Fahrrad?
Rechne aus und trage die Ergebnisse ein.

12 + 3 + 2 = ____
13 + 5 + 1 = ____
16 + 3 + 1 = ____
15 + 2 + 3 = ____
11 + 2 + 3 = ____

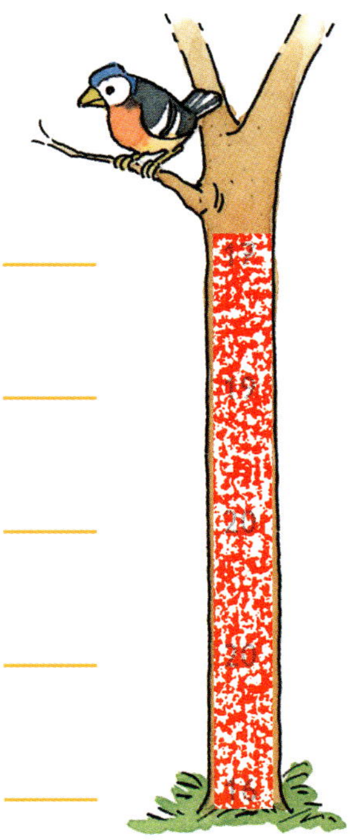

Zehnerübergang

1 Wie viele Blumen sind in jedem Blumenkasten?
Zähle sie zusammen. Der Tipp unten hilft dir.

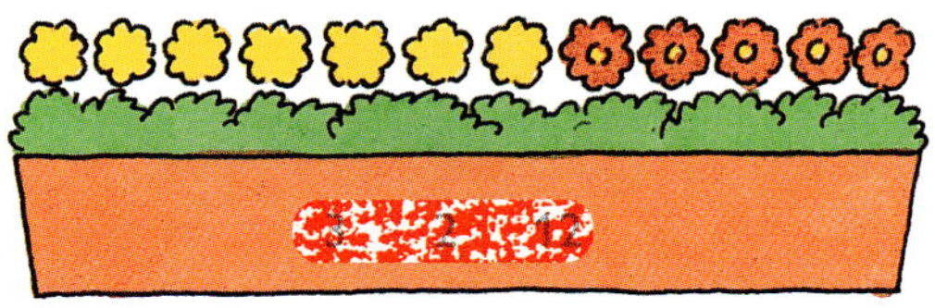

7 + 5 = 12

7 + ___ + ___ = ___

8 + 6 = ___

8 + ___ + ___ = ___

9 + 7 = ___

9 + ___ + ___ = ___

Tipp So kannst du manche Aufgaben leichter rechnen: Ergänze zuerst zum nächsten vollen Zehner und zähle dann den Rest dazu.

Beispiel: 9 → (+4) → 13; 9 → (+1) → 10 → (+3) → 13

2 Timo hat schon einige Blumen im Gartenbeet gepflanzt. Findest du die passenden Rechnungen? Male auch die fehlenden Blumen dazu.

a) ___ + ___ = ___

b) 3 + ___ = 11

3 Karlo steckt einen Blütenkranz aus blauen und gelben Blumen.

8 + 5 = 13

10 + ___ = 15

9 + ___ = 17

7 + ___ = 20

4 Wie viele Blumen sind es in jeder Reihe?
Zähle zusammen und schreibe das Ergebnis auf.
Das Bild kann dir beim Rechnen helfen.

7 + 6 + 5 = ___

5 + 3 + 8 = ___

10 + 5 + 5 = ___

5 Die Zahlen auf den unteren Steinen ergeben zusammengerechnet die Zahl auf dem Stein darüber.
Die obersten Zahlen auf der Rechenpyramide sagen dir, wie viele Blumen Karlo heute schon gegossen hat.

Minusaufgaben bis 20

1 Robin lädt seine Freunde zum Kostümfest ein.
Im großen Koffer sind 15 lustige Kleidungsstücke.
Robin zieht 3 an. Wie viele sind noch im Koffer?

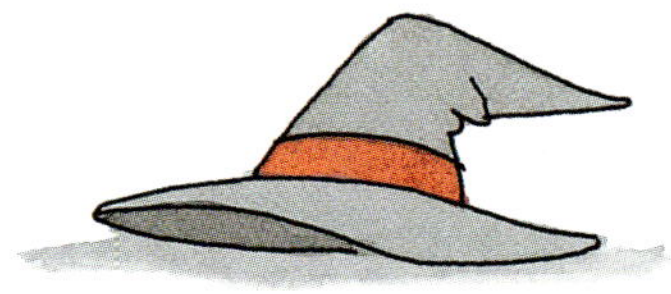

Tipp Bilde die Umkehraufgabe, dann kannst du dein Ergebnis überprüfen. Achte auf das Rechenzeichen.
Beispiel: 14 – 1 = 13, denn 13 + 1 = 14

15 – 3 = ____ , denn ____ + 3 = ____

Löse auch diese Aufgaben:

20 – 6 = ____ , denn ____ + 6 = ____

17 – 4 = ____ , denn ____ + 4 = ____

18 – 1 = ____ , denn ____ + 1 = ____

14 – 2 = ____ , denn ____ + 2 = ____

2 Robins Bruder schmückt den Keller mit
14 Lampions. 3 Lampions legt er wieder zurück.
Wie viele Lampions hängen jetzt im Keller?

3 Julia bläst viele bunte Luftballons auf.
Kannst du die Aufgaben auf den Luftballons lösen?

$9 - 3 =$ ____

$19 - 3 =$ ____

$16 - 4 =$ ____

$7 - 3 =$ ____

$18 - 5 =$ ____

$17 - 3 =$ ____

4 Wer die Aufgaben auf der Tafel
am schnellsten fehlerfrei rechnet,
darf sich auf Konfettis Decke einen
Preis aussuchen. Machst du mit?

$15 -$ ____ $= 10$

____ $- 6 = 14$

____ $- 2 = 17$

5 Die Kinder spielen Dart. Trage die
richtigen Ergebnisse in die hellgelben Felder ein.

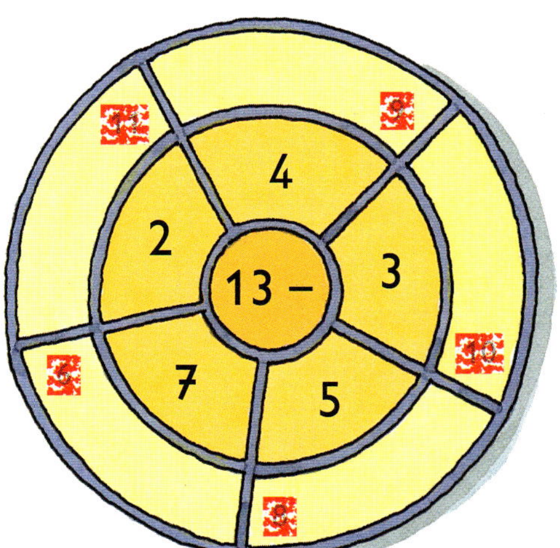

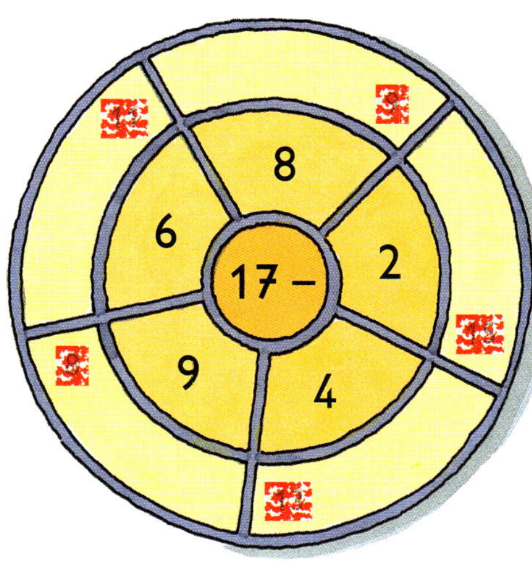

Zehnerübergang

1 Sven spielt im Kaufhaus mit bunten Murmeln. Wie viele Murmeln liegen auf dem Boden? Rechne die Aufgaben am Zahlenstrahl und trage die Bögen ein. Der Tipp hilft dir.

15 – 6 = ____

17 – 9 = ____

14 – 7 = ____

16 – 8 = ____

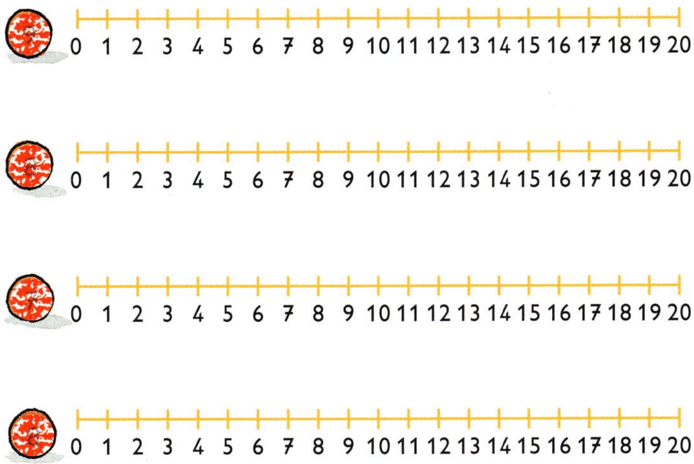

Tipp Rechnest du Minusaufgaben am Zahlenstrahl, musst du die Minuszahl nach links eintragen.

18 – 9 = 9

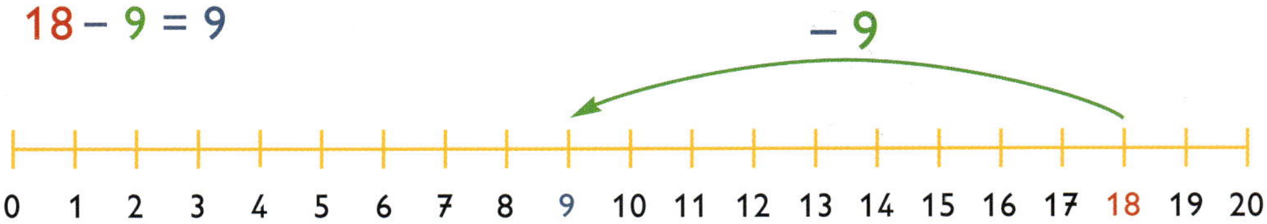

2 Sven kauft Zuckerstangen. Male sie bunt an, wenn du die Aufgaben gerechnet hast.

11 – 6 = ____

11 – 8 = ____

19 – 10 = ____

13 – 6 = ____

15 – 7 = ____

20 – 10 = ____

3 Willst du wissen, wie alt die Schlange in der Tierabteilung ist?
Die letzte Ergebniszahl verrät dir ihr Alter.

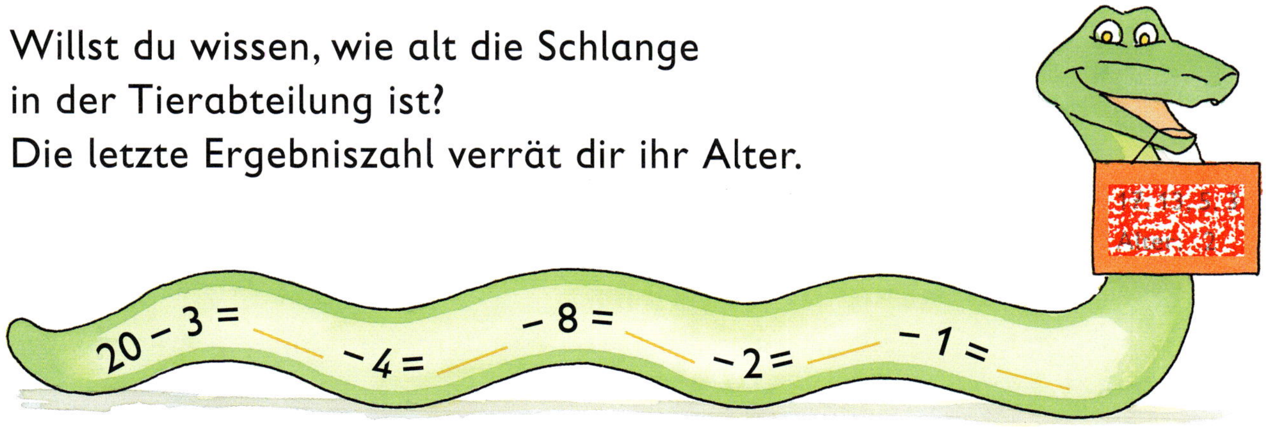

4 Verbinde die passenden Kassenzettel miteinander.
Welcher Zettel bleibt übrig?

5 Welcher Bär kostet 6 Euro?
Hilf Karlo beim Rechnen der Aufgaben.

6 Euro

19 − 4 → 15 − 6 → ☐ ○

16 − 3 → ☐ − 8 → ☐ ○

11 − 5 → ☐ − 4 → ☐ ○

18 − 9 → ☐ − 3 → ☐ ○

Rechenvorteile nutzen

1 Der Clown hat einen großen Korb mit Bällen. Rechne aus, wie viele Bälle es sind. Der Tipp des Clowns hilft dir.

6 + 10 = 10 + 6 = 16

3 + 11 = ______

4 + 16 = ______

2 + 17 = ______

5 + 12 = ______

1 + 15 = ______

7 + 12 = ______

9 + 11 = ______

2 Rechne die Aufgaben auf den Bällen.
Tipp: Rechne auf jedem Ball zuerst die mittlere Aufgabe.

3 Willst du wissen, welches gefährliche Tier in die Manege kommt? Rechne die Aufgaben und male die Ergebnisse im Ausmalbild an.

Tipp Rechne zuerst bis zum nächsten Zehner und ziehe dann den Rest ab.

Beispiel: 16 —(−9)→ 7

16 —(−6)→ 10 —(−3)→ 7

18 – 9 = ____

18 – ____ – ____ = ____

17 – 8 = ____

17 – ____ – ____ = ____

15 – 7 = ____

15 – ____ – ____ = ____

12 – 5 = ____

12 – ____ – ____ = ____

4 Hilfst du Karlo, die Aufgaben auf den Keulen zu lösen? Schreibe die Ergebnisse auf.

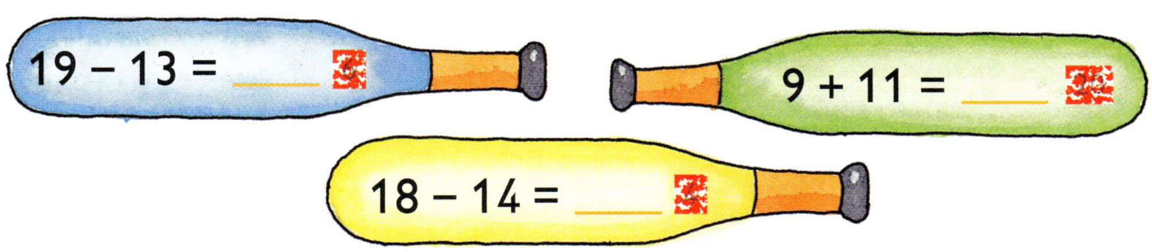

Gleichungen

1 Der Zauberer lässt Zahlen verschwinden.
Trägst du sie wieder ein? Der Tipp hilft dir.

3 + 7 = 10 | 10 – 3 = 7
5 + ___ = 10 | ___ – 5 = ___
6 + ___ = 10 | ___ – 6 = ___
2 + ___ = 10 | ___ – 2 = ___

Tipp Bilde bei schwierigen Aufgaben die Umkehraufgabe. Bei einer Umkehraufgabe verändert sich das Rechenzeichen.

Beispiel: 6 + ? = 10
10 – 6 = 4

2 Trage die Ergebnisse in die Zauberhüte ein.

3 Welches Tier zieht der Zauberer aus seinem Hut? Rechne die Aufgaben und verbinde die Ergebnisse in der richtigen Reihenfolge.

8 + ____ = 12

4 + ____ = 13

5 + ____ = 15

13 + ____ = 20

14 – ____ = 6

15 – ____ = 4

17 – ____ = 12

13 – ____ = 11

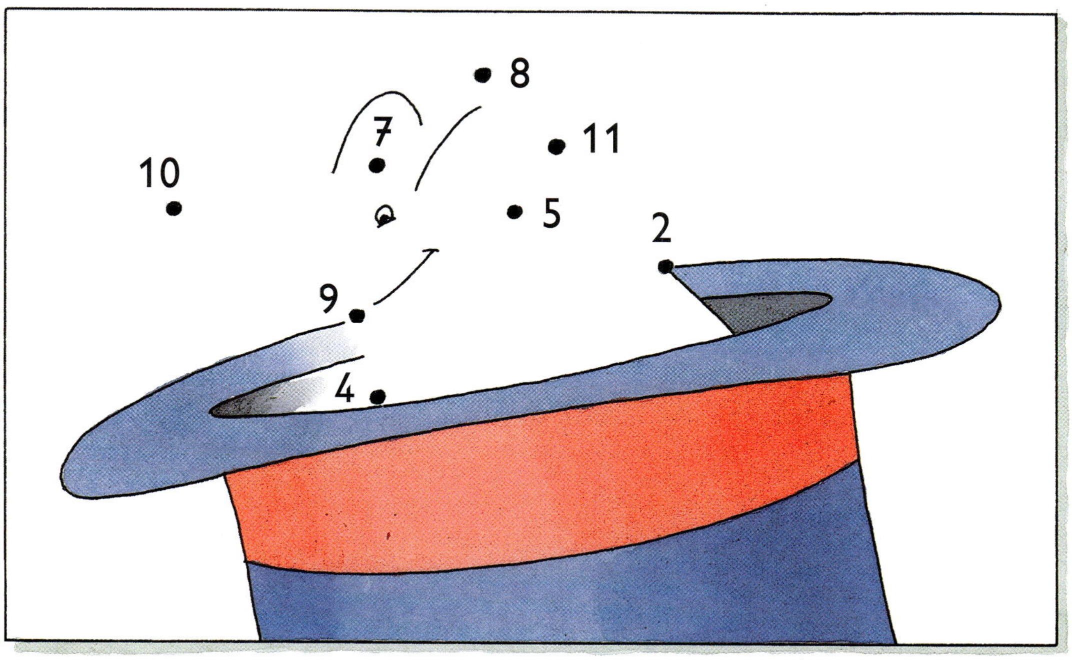

4 Am Anfang der Vorstellung bringt der Zauberer 5 Tauben mit. Am Ende fliegen aber 13 Vögel durch die Luft. Wie viele hat er dazugezaubert?

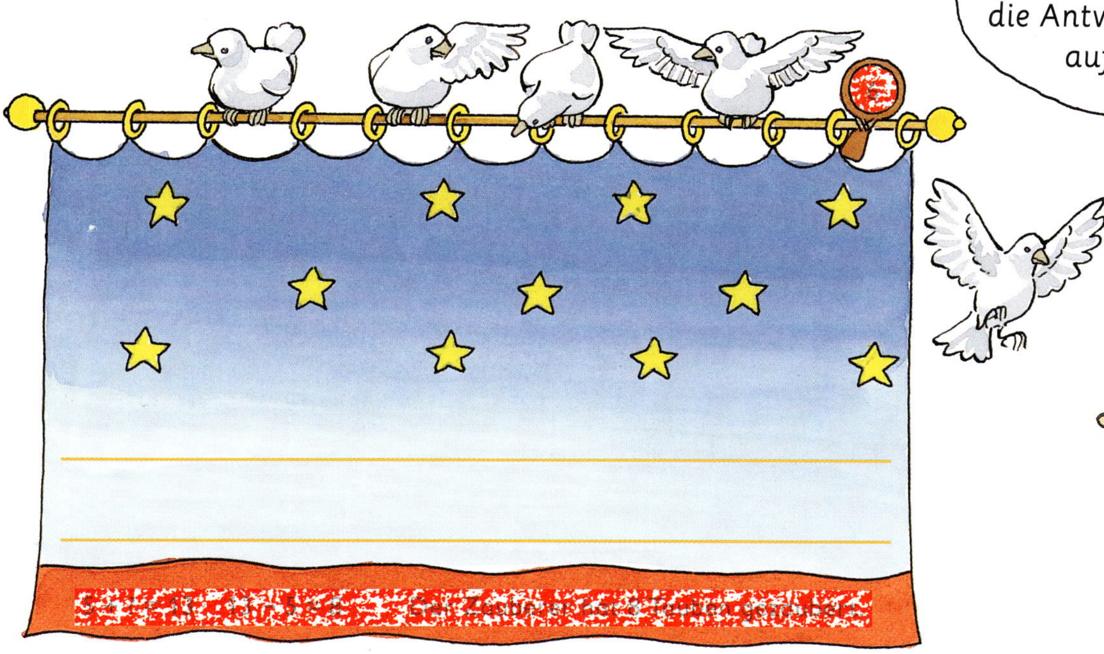

Wiederholung

1 In den Häusern fehlen Zahlen. Trage sie ein.

11	16	20
20 – 9	20 – ___	15 + ___
18 – ___	18 – ___	12 + ___
16 – ___	17 – ___	14 + ___
17 – ___	19 – ___	18 + ___

Tipp Wenn du eine Aufgabe nicht lösen kannst, schau noch einmal vorne nach.

2 Rechne aus und male die Felder mit den Ergebniszahlen bunt an. Was siehst du?

8 + 5 = ___	7 + 6 = ___	9 + 6 = ___
6 + 8 = ___	10 + 6 = ___	8 + 6 = ___
7 + 9 = ___	9 + 3 = ___	7 + 7 = ___
5 + 5 = ___	8 + 7 = ___	5 + 8 = ___

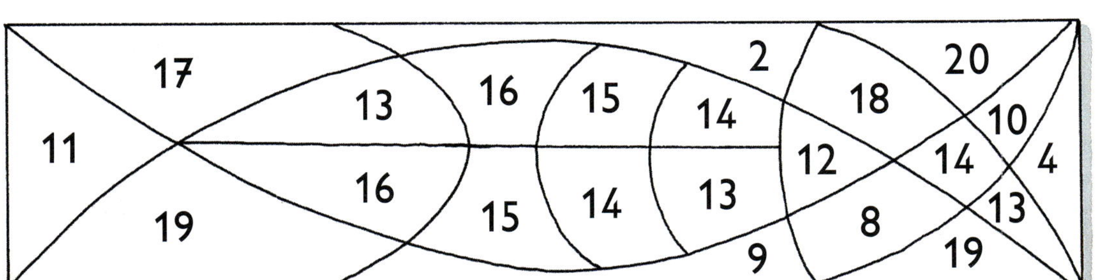

3 Ordne die Zahlen nach der Größe.
Beginne mit der kleinsten Zahl.

11 17 15 19 9 12 10 20 18 16 8

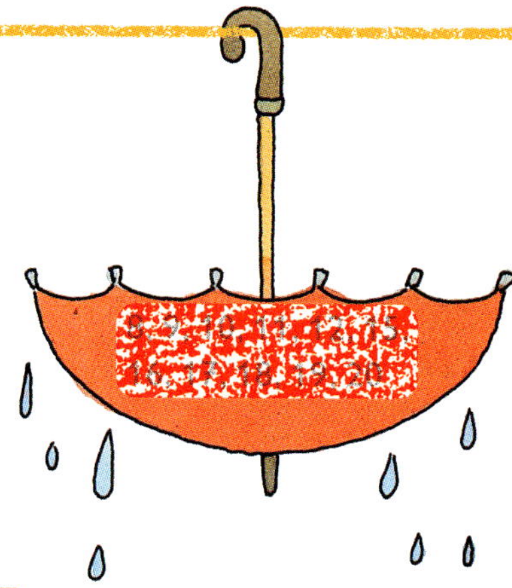

____

4 Hier fehlen die Ergebnisse. Trägst du sie ein?

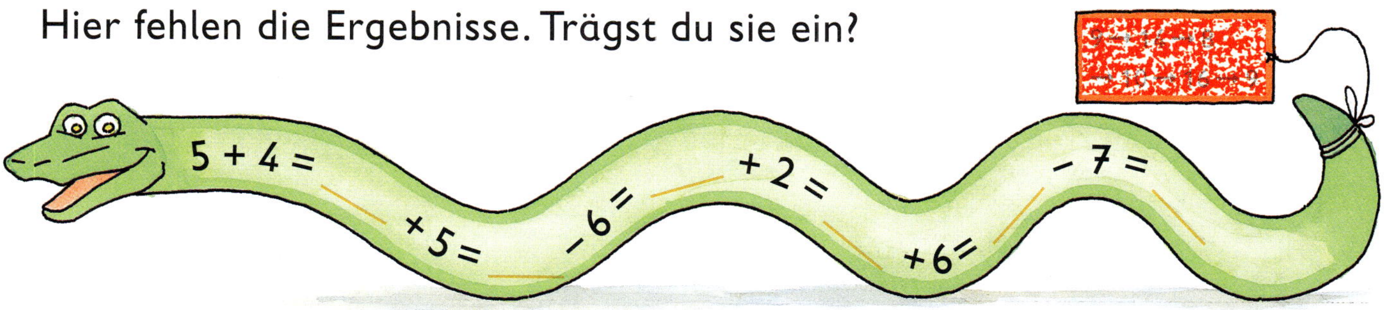

5 Auf den Rechenbäumen fehlen die Ergebnisse.
Trage sie in die leeren Kästchen ein.

6 Wie lange brauchst du zum Lösen der Aufgaben?

18 – 3 = ____
14 – ____ = 9
____ – 7 = 12
[redacted]

____ + 7 = 15
14 + 5 = ____
8 + ____ = 11
[redacted]

Knack den Code

Auf jeder Doppelseite (Seite 98 – 127) findest du eine kleine braune Lupe. Darin steht jeweils eine Zahl.

- Schreibe die Zahlen nacheinander auf die Linien.
- Ersetze sie dann durch die Buchstaben, die auf dem Zettel versteckt sind: zum Beispiel 5 durch den Buchstaben A.
- Trage jeweils den passenden Buchstaben unter der Zahl ein. Wie heißt der Lösungssatz?

CODE

7 =	5 =
15 =	13 =
8 =	9 =
20 =	11 =
4 =	6 =
12 =	1 =
18 =	

___ ___ ___ ___ ___ ___ ,

___ ___ ___ ___ ___ ___ ___ ___ ___ 6 15 1 7 9 !

Code geknackt:

Datum

Mein Detektivname

Fingerabdruck

Unterschrift

2. Klasse

Deutsch

Mathematik

Zu diesem Buch

- Im Buch findest du Regeln und Tipps, die dir beim Lösen der Aufgaben helfen.

- Aufgepasst:
  Die Aufgaben mit einer  sind etwas schwieriger.

- Lege die  auf die roten Lösungsfelder, dann werden die richtigen Ergebnisse sichtbar.

- Lege ein leeres Heft bereit, in dem du die Aufgaben bearbeiten kannst.

- Mache regelmäßig Lernpausen:
  Öffne das Fenster und bewege dich in dieser Zeit. Danach kannst du dich besser konzentrieren.

Deutsch:

Namenwort	–	Hauptwort, Nomen, Substantiv
Tunwort	–	Zeitwort, Tätigkeitswort, Verb
Wiewort	–	Eigenschaftswort, Adjektiv
Begleiter	–	Geschlechtswort, Artikel
Selbstlaut	–	Vokal
Mitlaut	–	Konsonant

Mathematik:

addieren	–	zusammenzählen
subtrahieren	–	abziehen
multiplizieren	–	malnehmen
dividieren	–	teilen

Rechtschreiben

Namenwörter

1 Julia und ihre Mutter wollen Kuchen backen.
Welche Zutaten müssen sie einkaufen?
Setze die Silben zusammen und schreibe
die Wörter mit Begleiter auf.

der Zucker,

Regel Namenwörter bezeichnen Dinge, Lebewesen oder Namen. Namenwörter werden großgeschrieben. Oft steht ein Begleiter (*der, die* oder *das*) dabei.

2 Welche Dinge gehören in die Küche?

Topf, Rad, Ball, Löffel, Glas, Fahrrad, Auto,
Puppe, Tasse, Flöte, Kanne, Bett, Kissen,
Gabel, Säge, Zange, Pferd, Teller, Messer

3 Findest du die Dinge, die Julia und ihre Mutter zum Backen brauchen? Ergänze die Wörter.

der

___ ___ ck ___ r

___ ss ___ ___ ff ___ l [redacted]

die

___ c ___ ___ ss ___ l

___ aa ___ ___ [redacted]

das

___ ___ ck ___ u ___ h

___ ___ ss ___ ___ [redacted]

4 Aus Teigresten formt Julia eine Schlange. Kreise alle Namenwörter darin ein.

[redacted]

5 Bilde mit den Wörtern aus Aufgabe 4 zusammengesetzte Namenwörter und schreibe sie auf.

Teig + Schüssel = Teigschüssel, ______________________

____

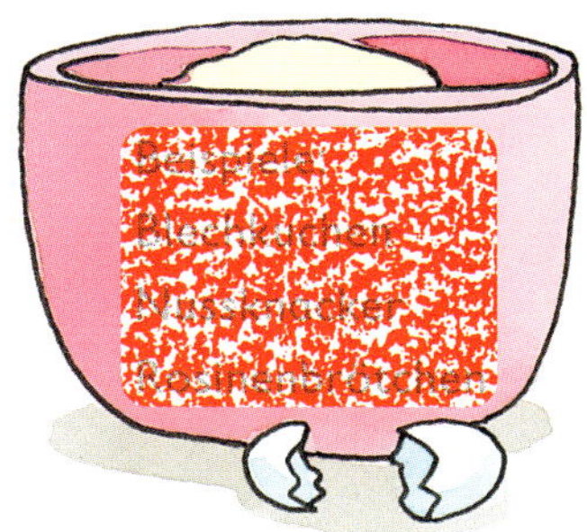

[redacted]

Tunwörter

1 Fahre die Wollfäden mit einem Stift nach, dann weißt du, was Annikas Katze Minka am liebsten tut. Schreibe die Tunwörter auf.

Regel Tunwörter sagen aus, was jemand tut.
Sie werden kleingeschrieben.
Tunwörter haben eine Grundform.
Beispiel: er sagt ⟶ Grundform: sagen

2 Male alle Felder mit einem Tunwort bunt an.

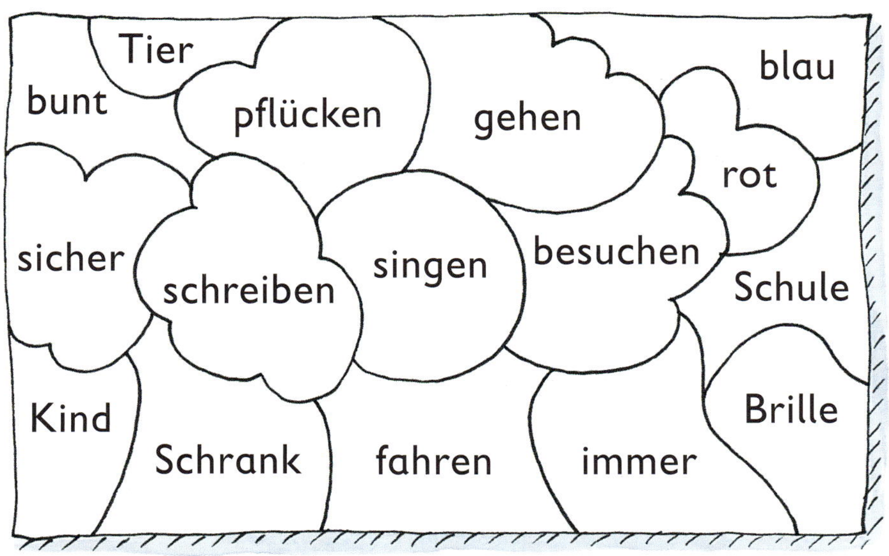

3 Und was tut Annika nachmittags?
Setze die Tunwörter aus Aufgabe 2 in der richtigen Form in die Lücken ein.

Sie ______________ einen Brief. 

Manchmal ______________ sie Blumen. 

Oft ______________ sie ins Schwimmbad. 

Sie ______________ gerne Lieder. 

Sie ______________ ihren Opa. 

Sie ______________ mit dem Fahrrad. 

4 Minka hat Annikas Bücher ganz schön durcheinandergebracht. Kannst du die Tunwörter mit der passenden Grundform verbinden?

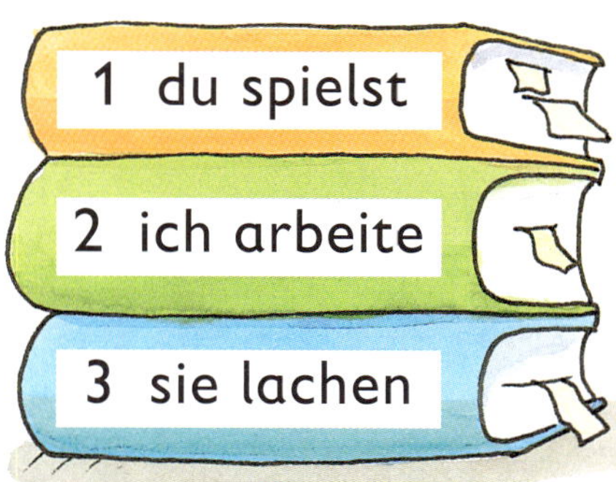

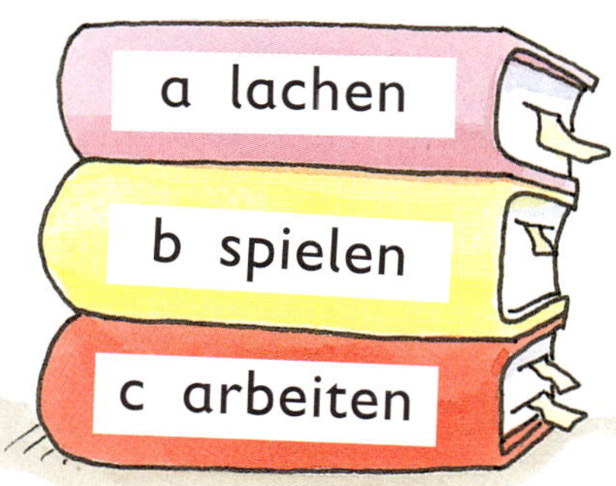

5 Wo hält sich Annikas Katze vor Konfetti versteckt?
Schreibe die Tunwörter in der passenden Form auf:
tauchen, galoppieren, fliegen, schwimmen.

Das Pferd _ _ _ _ _ _ _ _ _ _ . (2)

Der Vogel _ _ _ _ _ _ in die Ferne. (3)

Der Fisch _ _ _ _ _ _ in die Tiefe. (4)

Die Ente _ _ _ _ _ _ _ _ auf dem Wasser. (1)

Wiewörter

1 a) Lies den Text. Trage auf dem Hasenstall die fehlenden Buchstaben der Wiewörter ein. Findest du das passende Tier dazu? Verbinde.

Tim besucht oft seinen Nachbarn.
Er hat viele Tiere: kleine Kaninchen, zwei junge Katzen, ein braunes Pony und einen frechen Papagei.

b) Suche zu den Wörtern die Gegensätze und finde passende Adjektive. Schreibst du sie klein oder groß?

schnell – ___________ schwach – ___________ laut – ___________

Regel Wiewörter sagen dir, wie etwas ist.
Sie werden kleingeschrieben.
Beispiel: ein großer Tisch.

2 Wie sehen die Kaninchen aus?
Streiche die Wiewörter durch, die nicht passen.

3 Lies den Text und streiche das Wiewort durch,
das nicht zu den Tieren passt.

Der  ist stachelig / laut und hält Winterschlaf.

Der weiße / große  hat zwei lange Stoßzähne.

Der  hat eine lange Mähne und ist fröhlich / gefährlich.

4 Setze für die Bilder Wörter ein
und schreibe die Wiewörter auf die Linien.

w 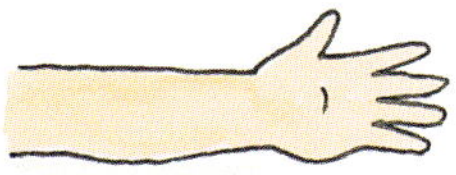

kl  n [redacted]

 lich [redacted]

 ig [redacted]

be  sam [redacted]

 lich [redacted]

warm, ____

____

Groß- und Kleinschreibung

1 Olli ist neu in der Klasse. Willst du mehr über ihn wissen? Dann trage die fehlenden Wörter in den Steckbrief ein. Die Wörter helfen dir.

Ich habe braune ______________.

Meine ______________ sind blau.

Auf der ______________ habe ich viele Sommersprossen.

Ich habe einen kleinen ______________.

Am liebsten spiele ich ______________.

Später will ich ______________ werden.

Regel Satzanfänge und Namenwörter werden immer großgeschrieben.

2 Was wollen die Kinder von Olli wissen? Trage die richtigen Fragewörter ein.

__________ hast du Geburtstag?

__________ wohnst du?

__________ ist dein Lieblingsfach?

__________ sieht dein Zimmer aus?

3 Da ist wohl etwas durcheinandergeraten.
Kannst du Ollis Antworten trotzdem verstehen?
Schreibe die Wörter richtig auf.

Mein Geburtstag ist im **ILUJ**.
Ich wohne in **NLÖK**.
Mein Lieblingsfach ist **TROPS**.
In meinem Zimmer steht ein **TTEBKCOTS**.

____

____

4 Kannst du die Sätze auf der Tafel lesen?
Ein bestimmter Buchstabe fehlt. Trage ihn ein.
Achte auf die Groß- und Kleinschreibung.

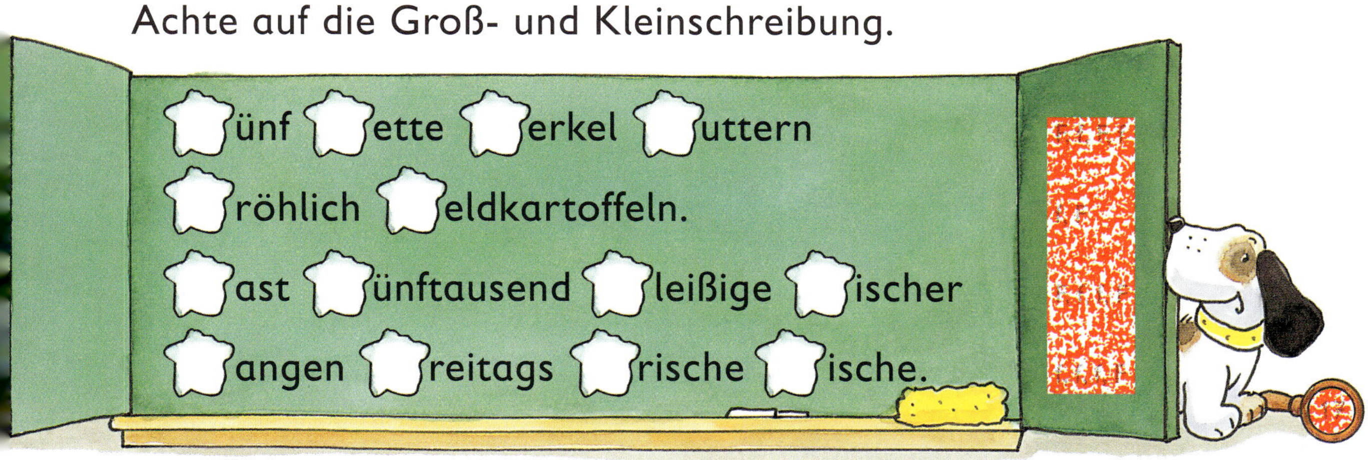

5 Ergänze die fehlenden Punkte. Setze dann die Anfangsbuchstaben aller Wörter am Satzanfang zusammen. Weißt du, welche Tiere Olli mag?

Heute freut sich Olli um drei Uhr holt er seinen neuen Freund Stefan vom Bus ab nach dem Essen spielen sie Ball dann muss Stefan wieder heim es war ein schöner Nachmittag

Olli mag H ___ ___ ___ ___ .

Einzahl / Mehrzahl

1 Hilfst du Karlo, seinen Schreibtisch aufzuräumen? Zähle die Dinge und schreibe die Wörter mit ihrem Begleiter in die passende Spalte.

Regel In der Einzahl stehen bei Namenwörtern die Begleiter *der, die* oder *das*. In der Mehrzahl heißt der Begleiter *die*. Die Mehrzahl wird oft mit einem Umlaut gebildet, z. B. Fuß – Füße.

2 Welche Dinge siehst du in Karlos Zimmer? Verbinde die Bilder mit den passenden Wörtern. Schreibe die Wörter in der Mehrzahl und mit dem richtigen Begleiter auf.

die Uhr – ______________________.

das Buch – ______________________.

der Stift – ______________________.

das Regal – ______________________.

der Block – ______________________.

der Kalender – ______________________.

3 Welche Wörter stehen in der Mehrzahl?
Male diese Hefte bunt an.

Häuser	Maus	Hund
Vögel	Blumen	Bälle

4 Auf Karlos Block fehlen die Endungen der Mehrzahlwörter. Hilfst du ihm, sie einzutragen?

Heft e__	Radiergummi ___
Tisch ___	Bild ___
Zahl ___	Lied ___
Spiel ___	Auto ___

5 Konfetti hat Karlos Tier-Puzzle durcheinandergebracht. Welche Puzzleteile passen zusammen? Verbinde sie und ergänze die fehlenden Buchstaben.

K _ H	G _ NS	V _ GEL
V _ GEL	K _ H _	G _ NS _

Wörter mit a/ä und au/äu

1 Was fotografiert Paul? Das Wortbild verrät es dir. Schreibe die drei Wörter in der Mehrzahl auf. Fällt dir etwas auf?

Baum
Baum Baum Baum
Blatt Baum Baum Baum Blatt
Blatt Blatt Blatt Blatt Blatt
Blatt Blatt Blatt
Stamm
Stamm
Stamm
Stamm

[redacted]

Tipp Das a wird bei Namenwörtern in der Mehrzahl häufig zu ä, das au wird oft zu äu.

2 Welche Blätter gehören zusammen? Verbinde sie.

Hän Rän Käm Län Bä Schwä

der de der me ne der

[redacted]

die Hände,

3 a) Welches Reimwort gehört zu welchem Baum?
Trage die fehlenden Buchstaben ein.
Verbinde die Wörter mit dem richtigen Baum.

Tr äu me   Br___t   Kr___t   L___s   R___me   H___s

[redacted]

b) Denke dir mit zwei der Reimwörter einen lustigen Satz aus.

____

4 Kannst du das Rätsel lösen?

Damit kannst du deine Haare glätten:

☐☐☐☐ [redacted]

In den Ferien reisen viele Leute in andere

☐☐☐☐☐☐. [redacted]

Damit kannst du die Tafel putzen:

☐☐☐☐☐☐☐ [redacted]

Ein Auto hat vier davon:

☐☐☐☐☐ [redacted]

Doppelte Mitlaute

1 Welche Dinge sind in Monas Zimmer verstreut?
Trage die Reimwörter ein, dann weißt du es.

Mappe

P ____________

Kamm

Sch ____________

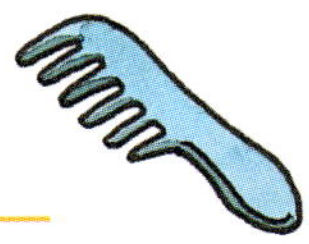

2 Lies die Reimwörter laut. Wie sprichst du den Buchstaben vor dem doppelten Mitlaut?

Regel Vor einem doppelten Mitlaut steht immer ein kurz gesprochener Selbstlaut, z. B. Tasse.
Die Buchstaben *a, e, i, o, u* nennt man Selbstlaute, die anderen Buchstaben Mitlaute.

3 Mona will ihren Schrank aufräumen. Hilfst du ihr dabei? Setze die Silben zusammen und trage die Wörter in die richtigen Kisten ein.

4 Trage die fehlenden Buchstaben in die Tunwörter ein. Verbinde jedes Kuscheltier von Mona mit dem richtigen Tunwort.

su ___ ___ en

kle ___ ___ ern

schnu ___ ___ en

bru ___ ___ en

5 Auf Monas Stoffschlange stehen viele Wörter mit doppelten Mitlauten. Kreise sie ein. Die Buchstaben, die übrig bleiben, verraten dir Monas Lieblingsspiel.

6 Male die Felder in der richtigen Farbe aus.
Rot: Tunwörter mit doppeltem Mitlaut
Blau: Namenwörter mit doppeltem Mitlaut

Papier	Zimmer	wissen	malen
Wanne	Spinne	rennen	stellen
gehen	Roller	essen	Bad

Wörter mit ST/SP

1 Findest du im Text alle Wörter mit *St/st* oder *Sp/sp*? Unterstreiche sie und lies die Wörter laut. Welchen Laut hörst du am Anfang?

Stefan und seine Freunde haben
im Schwimmbad viel Spaß.
Sie springen vom Sprungbrett
und spritzen sich gegenseitig nass.

Regel Wenn du nach dem Laut *Sch/sch p* oder *t* hörst, dann schreibe: Sp/sp oder St/st, z. B. Spiel, stehen.

2 Auf Karlos Handtuch stehen viele Wörter mit *Sp/St*. Findest du sie? Kreise die Wörter ein.

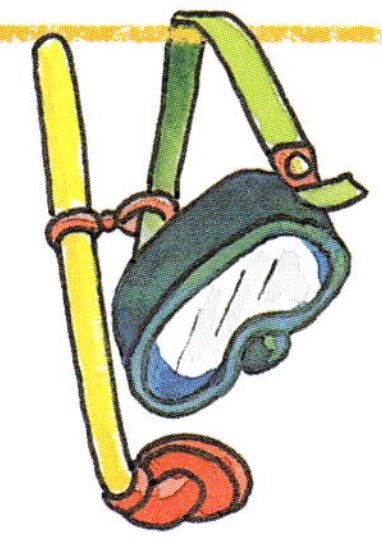

3 Die Kinder haben zwei große Badeschlangen dabei.
Darauf haben sich Wörter mit *sp* und *st* versteckt.
Welche? Schreibe die Wörter auf.

____

____

____

4 Setze die Buchstaben richtig zusammen
und schreibe die Wörter auf.

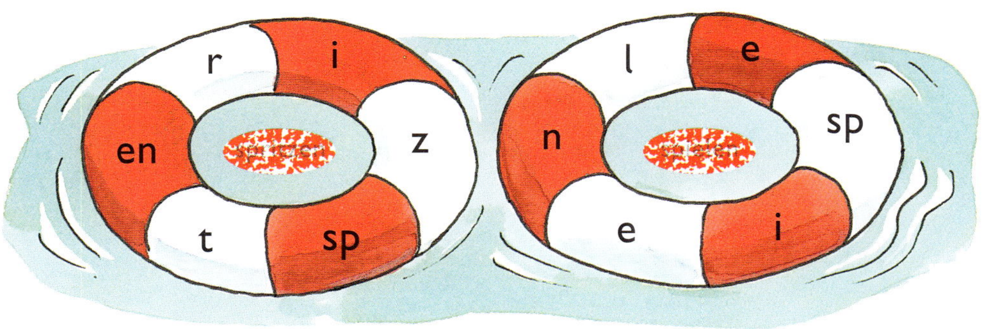

____________ ____________

5 Hier werden Tunwörter mit *st* gesucht.
Du kannst dir auch lustige Sätze ausdenken.

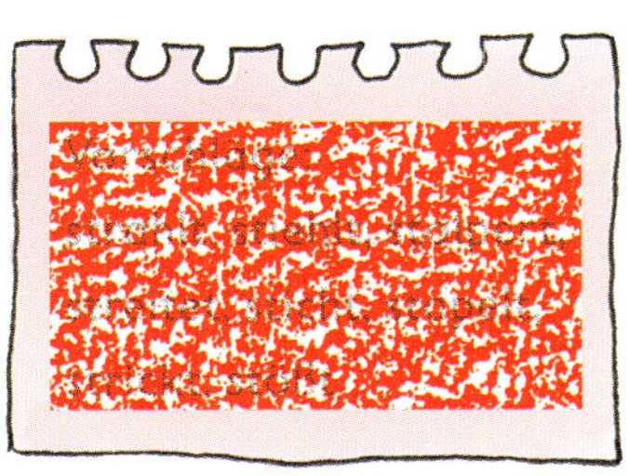

Der Stern ____________.

Der Stiefel ____________.

Der Stein ____________.

Wörter mit ie

1 Lies den Text laut.
Wie sprichst du das *i* in den Wörtern?

Laura spielt mit ihrer Schwester auf dem Spielplatz. Dort stehen vier verschiedene Spielgeräte. Am liebsten bauen die beiden riesige Sandburgen.

Tipp In vielen Wörtern sprichst du das *i* lang. Meistens schreibst du dann ie, z. B. Wiese.

2 Kannst du jetzt diese Fragen beantworten?
Schreibe die Lösungen auf.
Unterstreiche das *ie* in allen Wörtern.

Was tun die Kinder auf dem Spielplatz?

____

Wie viele Spielgeräte stehen dort?

____

Wie sieht die Sandburg aus?

____

3 Suche alle Wörter mit *ie* und male diese Felder an.

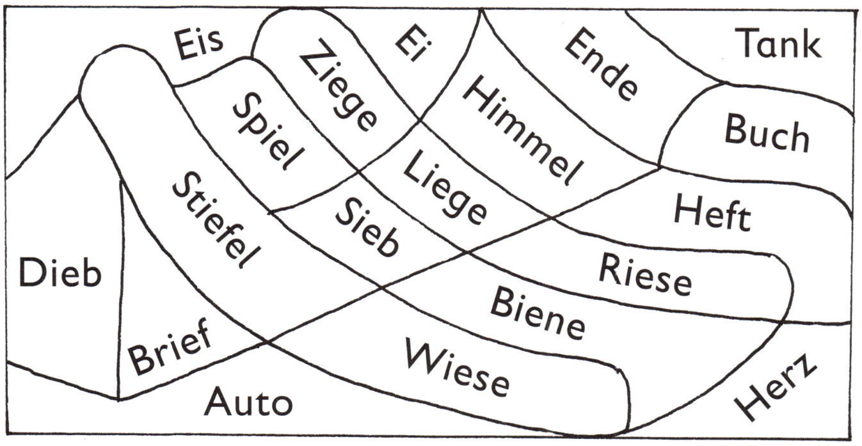

[redacted]

4 Die Kinder haben Wörter in den Sand geschrieben. Setze die Silben richtig zusammen. Welcher lustige Satz ergibt sich?

1 Liebe ____________
2 ____________
3 ____________
4 ____________
5 ____________

Lösung: Liebe ____________________________

5 Suche auf der Doppelseite Wörter mit *ie*. Unterstreiche sie und lass sie dir auf deinen Rücken schreiben. Kannst du alle erraten?

Wörter mit g/k

1 Welche Verkleidungen tragen die Kinder beim Schulfest? Trage die fehlenden Buchstaben ein.

Ti____er

Zwer____

Vo____el

Köni____

Tipp Du hörst, ob ein Wort mit *g* oder *k* endet, wenn du es verlängerst.
Bilde bei Namenwörtern die Mehrzahl:
der Weg – die Wege.
Setze Wiewörter vor ein Namenwort:
lustig – ein lustiges Buch.

2 Ergänze die fehlenden Buchstaben.
Verbinde dann die Wörter in der richtigen alphabetischen Reihenfolge. Was siehst du?

Pflu____ Ste____

Ban____ Köni____ Ta____

Dan____

Flu____ Honi____ Zwer____

3 Auf dem Schulfest gibt es sogar eine Geisterbahn. Kannst du die fehlenden Buchstaben auf dem Plakat ergänzen? Schreibe die vollständigen Wörter auf.

_efallen euch _ruseli_e
_eisterbahnen? Viele _efährliche
_espenster warten hier auf euch.
Ein _i_antisches _ruselabenteuer!
_leich _eht's los!

[redacted]

4 a) Der Schulhof ist mit bunten Luftballons geschmückt. Setze die Wörter darauf zusammen.

[redacted]

b) Willst du wissen, welcher Luftballon Konfetti besonders gefällt? Dann suche den Ballon mit dem längsten Wort.
Er hat die Farbe ______________ . [redacted]

Doppelte Selbstlaute

1 Lies den Text laut. Schreibe alle Wörter mit doppeltem Selbstlaut auf.

Lisa macht mit ihrem Vater eine Bootsfahrt auf dem See. Auf dem Wasser sind noch ein paar andere Boote zu sehen.

Wie sprichst du die doppelten Selbstlaute?

Tipp In einigen Wörtern wird das lang gesprochene *a*, *e* und *o* verdoppelt, z. B. H<u>aa</u>re, M<u>ee</u>r, Z<u>oo</u>.

2 Schau dir die Bilder auf den Segeln genau an. Welche Wörter haben einen doppelten Selbstlaut? Male diese Dinge bunt an und schreibe sie auf.

3 Entdeckst du auf dem Steg alle Wörter mit doppeltem Selbstlaut? Umkreise sie.

4 Setze die Buchstaben in den Fischen richtig zusammen. Schreibe die Wörter auf.

5 Lies die Wörter laut. In jeder Reihe passt ein Wort nicht zu den anderen. Unterstreiche es.

Sommer – Sonne – Schnee
Apfel – Birne – Boot
Auto – Beere – Fahrrad
Saal – Tanne – Wald
Hund – Katze – Fee

Wörter mit ck

1 Was machen die Kinder? Lies den Text.
Weißt du, welche Buchstaben fehlen?

Svenja und ihre Freundin machen ein Pi __ ni __.
Sie haben eine De __ e und Beste __ dabei.
Auch Spe __ und Brot haben sie eingepa __ t.
Dem neugierigen Hund hat Svenja etwas
Le __ eres zugeste __ t, aber er le __ t lieber
an einem dre __ igen Sto __.

2 a) Lies die Wörter mit *ck* laut.
Wie sprichst du den Selbstlaut vor dem *ck?*

Regel Das *ck* steht nur hinter einem kurz gesprochenen Selbstlaut, z. B. Fleck.

b) Bringe die Wörter wieder in die richtige Reihenfolge.
Tipp: Du findest die Wörter im Text.

KSOTC ____________ EEDKC ____________

3 In den Blütenblättern auf der Wiese haben sich Wörter versteckt. Schreibe sie auf.

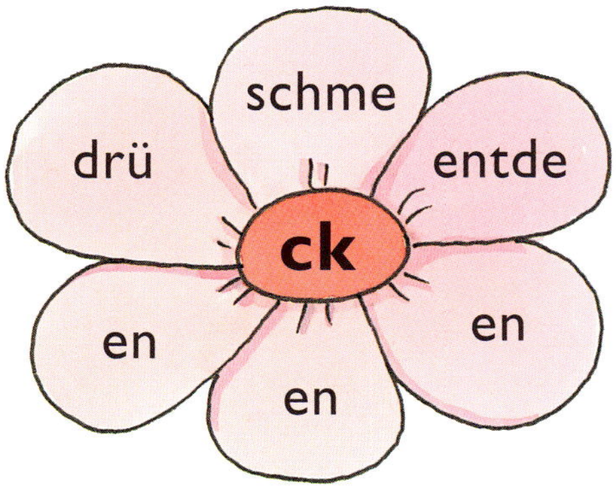

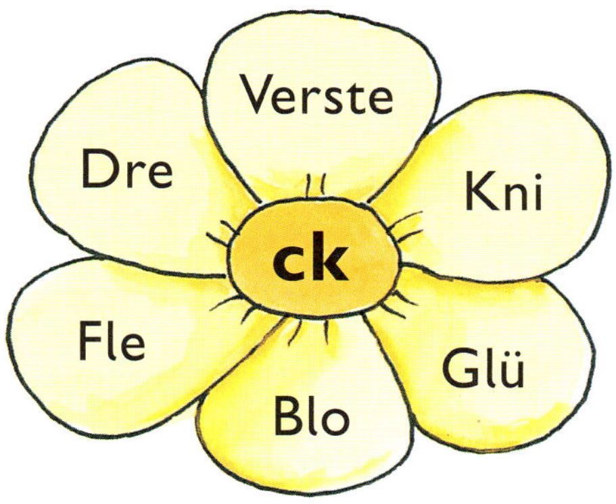

4 Kannst du jedes Namenwort mit dem passenden Tunwort verbinden?

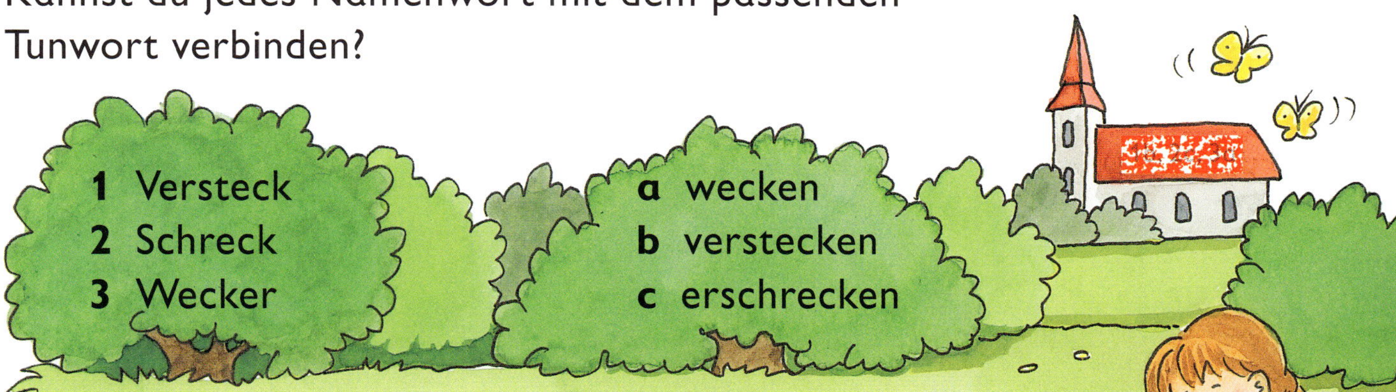

1 Versteck
2 Schreck
3 Wecker

a wecken
b verstecken
c erschrecken

5 Suche dir drei Wörter mit *ck* aus und bilde mit ihnen einen lustigen Satz. Schreibe ihn auf und lies ihn vor. Versuche es auch mit mehr als drei Wörtern.

Wörter mit eu

1 Lies den Text und unterstreiche alle Wörter mit *eu*. Wie viele sind es?

Heute macht Sina mit ihren Freunden einen Ausflug zur Burg. Um neun Uhr treffen sie sich. Alle freuen sich schon.

2 Aus der alten Burgmauer sind einige Steine herausgefallen. Kannst du sie wieder einsetzen?

3 Male alle Felder aus, in denen du ein sinnvolles Wort lesen kannst.

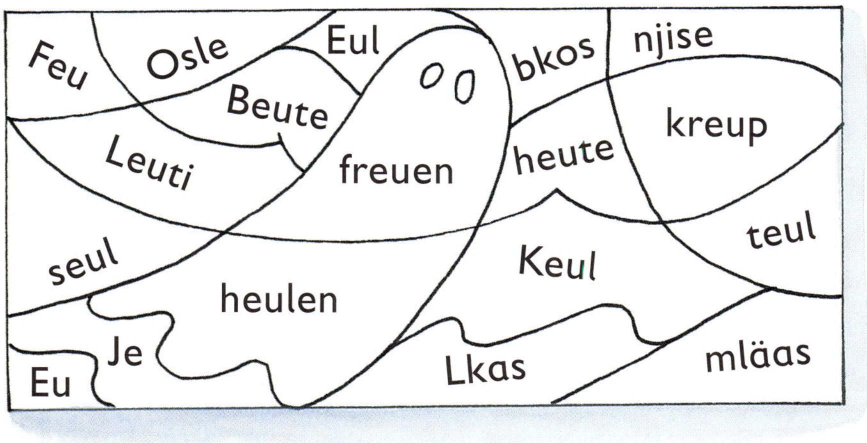

[redacted]

4 Sina erzählt ihren Eltern abends von dem Ausflug. Trägst du die fehlenden Wörter ein? Achte auf die Groß- und Kleinschreibung.

[redacted]

__________ war der schönste Tag in dieser Woche.

Um __________ Uhr war es schon ganz warm.

Meine __________ und ich hatten viel Spaß.

In der Burg war es toll. Stellt __________ vor,

die __________ haben erzählt, dass es dort spukt.

5 Kennst du das Gegenteil? Suche ein Wort mit *eu*.

billig
trocken
Feind

alt
Trauer
lachen

[redacted]

Wörter mit tz

1 Willst du wissen, was Julian und seine Freunde im Zeltlager erleben? Dann lies den Text und trage die fehlenden Buchstaben ein.

Am Abend si__en die Kinder am Lagerfeuer. Plö__lich bli__t und donnert es. Regentropfen spri__en ihnen ins Gesicht. Der Zeltpla__ ist ganz nass. Sie packen schnell ihre Matra__en zusammen und suchen Schu__ im Zelt.

2 Welche Buchstaben hast du eingetragen? Wie sprichst du den Selbstlaut davor?

Regel Das tz steht nur hinter einem kurz gesprochenen Selbstlaut, z. B. Ka̧tze.

3 Auf jedem Zelt steckt eine Fahne. Kannst du jede Fahne mit dem passenden Zelt verbinden? Schreibe dann die zusammengesetzten Namenwörter auf.

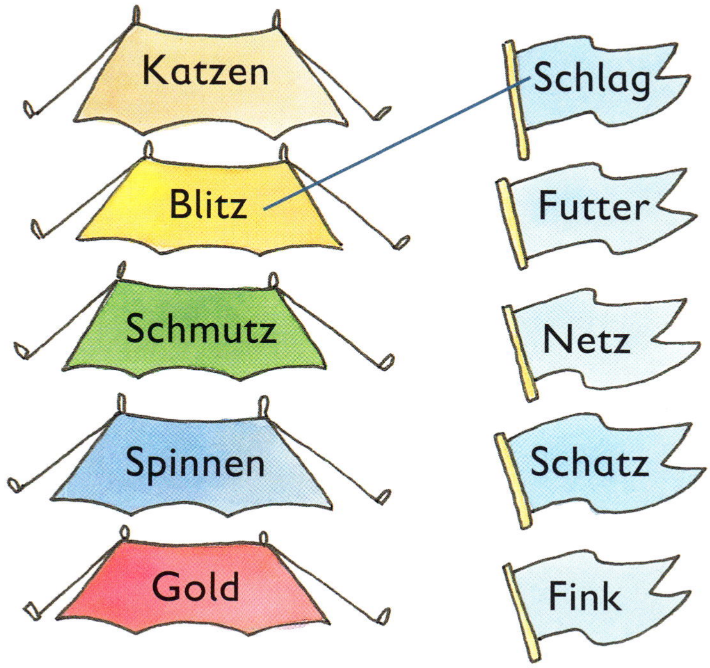

Blitzschlag, ______________________________

____

4 Wenn du die Felder auf Julians neuem Schlafsack mit den richtigen Farben ausmalst, bleiben fünf Felder übrig. Wie heißt der Lösungssatz?

Lösung: ______________________________ ! [redacted]

Wiederholung

1 Findest du die Namenwörter im Wörtergitter?
Kreise sie ein und schreibe sie mit ihrem Begleiter auf.

B	K	Ä	F	E	R
R	E	M	L	B	A
B	B	A	L	L	U
A	P	U	S	A	M
U	Q	S	V	T	Z
M	R	A	U	T	O

[redacted]

2 Kannst du die Wiewörter mit den passenden Bildern verbinden? Schreibe sie auf.

rund

grau

klein schnell blau gelb

[redacted]

3 Lies den Text. Unterstreiche die Tunwörter blau und die Namenwörter rot.

Karlo sucht seinen Hund. Er schaut in den Schuppen, doch Konfetti sitzt im Garten hinter der Hecke. Ob Karlo ihn dort wohl findet?

[redacted]

4 Setze die Namenwörter neu zusammen, sodass du sinnvolle Wörter erhältst.

~~Regen~~lampe, Taschenhütte, Hunde~~schirm~~,
Eistopf, Streichholzbär, Goldschachtel,
Blumenfisch, Kerzenrohr, Heizungsständer

Regenschirm, ______________________________

____

Tipp Wenn du eine Aufgabe nicht lösen kannst, schau noch einmal vorne nach.

5 Konfetti hat Wörter verzaubert.
Kannst du sie wieder zusammensetzen?

__________ __________ __________

6 Setze die passenden Anfangsbuchstaben ein und schreibe eine Geschichte zu den Wörtern auf.

____ort ____nee ____ein ____uhl

Knack den Code

Auf jeder Doppelseite (Seite 4 – 33) findest du eine kleine braune Lupe. Darin steht jeweils eine Zahl.

- Schreibe die Zahlen nacheinander auf die Linien.
- Ersetze sie dann durch die Buchstaben, die auf dem Zettel versteckt sind: zum Beispiel 9 durch den Buchstaben A.
- Trage jeweils den passenden Buchstaben unter der Zahl ein. Wie heißt der Lösungssatz?

CODE

3 =	4 =
33 =	22 =
1 =	9 =
13 =	31 =
16 =	7 =
11 =	17 =
2 =	

__ __ __   __ 9 11 __   4 __

__ __ __ __ 9   __ __ __ __ __ 17 13 !

Code geknackt:

Datum

Mein Detektivname

Fingerabdruck

Unterschrift

Lesetraining

Nach Silben lesen

1 Lies die Wörter auf den Handtüchern Silbe für Silbe. Setze die Bögen zur Silbentrennung.

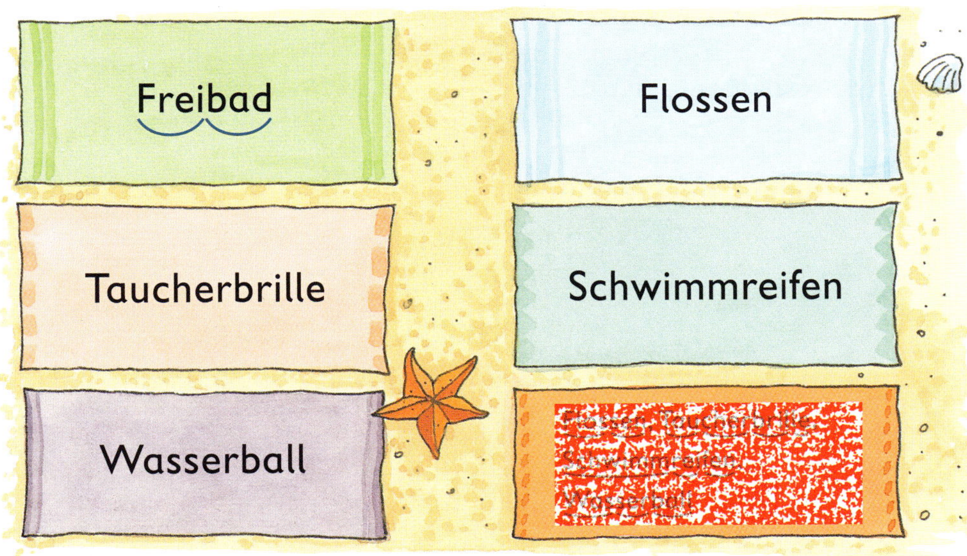

Tipp Du kannst Wörter besser lesen, wenn du Silbe für Silbe liest. Am besten malst du unter jede Silbe einen Bogen, z. B. Badeanzug.

2 Lies die Wörter im Bild laut. Klatsche oder stampfe bei jeder Silbe und setze Bögen zur Silbentrennung.

3 Lies die Wörter auf dem Handtuch laut.
Trenne die Silben mit Strichen, z. B. Wie-se.
Schreibe die Wörter an die richtige Stelle.

1 Silbe ______________________

2 Silben ______________________

3 Silben ______________________

4 Silben ______________________

5 Silben ______________________

6 Silben ______________________

[redacted]

4 Welche Wörter sind in falsche Silben unterteilt?
Streiche sie durch und schreibe sie richtig auf.

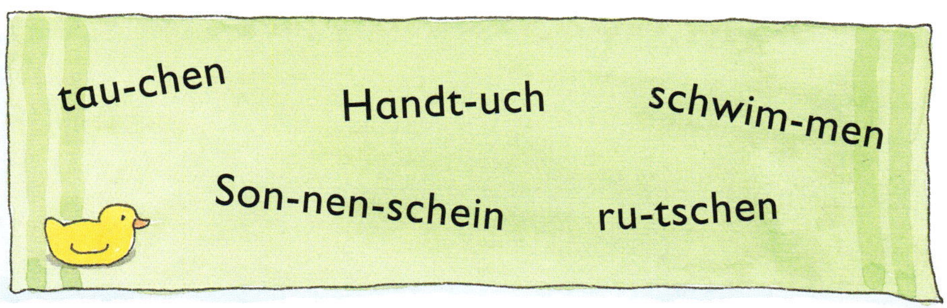

____

____

[redacted]

5 Immer drei Silben ergeben ein Wort.
Male die passenden drei Bälle in der gleichen Farbe an. Schreibe dann die Wörter auf.

____

____

____

[redacted]

Wörter lesen

1 Daniel ist mit seinen Freunden auf dem Flohmarkt.
Weißt du, was Daniel verkauft?
Lies die Wörter laut. Der Tipp hilft dir.

Marionette

Lokomotive

Rennauto

Stoffbären

Tipp Wenn du ein langes Wort lesen möchtest, hilft dir ein Lineal. Decke einen Teil des Wortes ab und verschiebe das Lineal während des Lesens langsam nach rechts.

2 Durch das Auf- und Abbauen von Wörtern kannst du den Sinn verändern. Verwandle die Wörter.

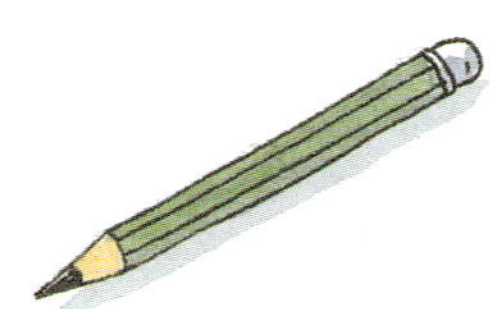

Buch
Buc
Bu
B
Ba
Bal
Ball

Hase
____
____
____
____
____
Hund

Auto
____
____
____
____
____
Affe

3 Welche Dinge entdeckt Konfetti auf dem Flohmarkt?
Lies die Wörter und umkreise sie.

HOLZHAUSRENNAUTOSPRINGSEIL
STOFFTIERFLUGZEUGBILDERBUCH
PUPPENHAUSSPIELEKASSETTEBALL

4 Daniel verkauft nur Spielzeug an seinem Stand.
Welche Dinge gehören nicht dazu? Lies die Wörter und streiche die falschen Dinge durch.

5 In jeder Zeile passt ein Wort nicht dazu.
Welches? Streiche das Wort durch.

Flohmarkt Flohmarkt Fischmarkt Flohmarkt Flohmarkt
Buch Buch Buch Buch Buch Buch Bach Buch Buch
Tasche Tasche Tasche Tafel Tasche Tasche Tasche
Kiste Kiste Kiste Kiste Kiste Kiste Kiste Kiste Kissen
Geld Geld Geld Geld Geld Geld Geld Gold Geld Geld

6 Was hat Karlo alles auf dem Flohmarkt gekauft?
Versuche die Wörter zu lesen.

Puppenhaus	Lokomotive
Rennauto	Flugzeug
Bilderbuch	Stofftier
Taschenlampe	Fußball

Sätze lesen

1 Katja fährt zu ihrem Onkel. Sie möchte mit ihm in den Bergen wandern. Unterwegs schaut sie sich ein Buch über Berge an. Lies den Text genau durch. Der Tipp hilft dir.

Das Nebelhorn gehört zu den Allgäuer Alpen. Der Gipfel ist ein bekannter Aussichtspunkt, von dem aus sich ein herrlicher Blick bis weit in die Alpen hinein bietet.
Das Gipfelkreuz steht auf 2 224 m Höhe.
Eine Gondelbahn führt vom Tal hoch zum Nebelhorn. In die Gondel passen 25 Menschen.

Tipp Sätze kannst du leichter lesen, wenn du sie unterteilst. Lies zuerst die einzelnen Wörter. Wiederhole die schweren Wörter. Lies danach Satzteile und dann den ganzen Satz.

2 Katja möchte mit ihrem Onkel zum Nebelhorn fahren. Welche Sätze stimmen? Kreuze an.

- ☐ 1. Das Nebelhorn gehört zur Eifel.
- ☐ 2. Der Gipfel ist ein bekannter Aussichtspunkt.
- ☐ 3. Das Nebelhorn hat ein Gipfelkreuz.
- ☐ 4. Das Gipfelkreuz steht auf 1 800 m Höhe.
- ☐ 5. Es fährt eine Gondel auf den Berg.
- ☐ 6. In die Gondel passen 26 Leute.

3 Katja liest im Buch weiter. Kannst du die Sätze lesen? Trenne die Wörter mit einem Strich und schreibe die Sätze auf. Lies sie dann laut vor.

1. DerBergseeleuchtetblauundgrün.
2. DerSeeistsehrkaltundsehrtief.
3. MankanndarinvieleFischesehen.

____

____

____

4 Welcher Satz passt zu welchem Bild?
Lies die Sätze von rechts nach links und schreibe den passenden Buchstaben in das Kästchen.

1 ☐ 2 ☐ 3 ☐ 4 ☐

a) .Steinböcke viele leben Bergen den In
b) .kalt und tief sehr ist Bergsee Der
c) .Berg dem auf oben steht Gipfelkreuz Das
d) .hinauf leicht und schnell es geht Gondel der Mit

Bild-Text-Zuordnung

1 Max ist umgezogen und kennt sich in der Stadt noch nicht aus. Zuerst will er zum Rathaus. Wie sieht es aus? Male das Rathaus richtig an. Der Tipp hilft dir.

Das grüne Rathaus steht am Marktplatz.
Es hat gelbe Fensterläden und eine rote Tür.
Oberhalb der Tür steht: Rathaus.
Das Dach hat rote Ziegel.
Auf dem Platz vor dem Rathaus weht
eine gelb-grün gestreifte Fahne.

Tipp Achte beim Lesen auf Wiewörter, z. B. gelb, groß, schwer.
Dann erfährst du, wie Dinge aussehen und welche Eigenschaften sie haben.

2 Max schaut sich auch die Kirche an. Welche Wörter passen zur Kirche? Schau genau und kreise sie ein.

3 Max sucht noch andere wichtige Gebäude.
Welche? Verbinde die Bilder und Texte.
Unterstreiche die Wiewörter.

a) Die Post liegt neben dem Rathaus.
Sie ist an ihrer gelben Farbe zu erkennen.

b) Die Apotheke liegt in einer kleinen
Seitenstraße. Das alte Fachwerk ist
wunderschön.

c) Die Bank ist neu und modern.
Sie hat viele Fenster. Die Außenwand ist grau.

d) Die Polizeiwache liegt außerhalb des Zentrums.
Sie hat ein flaches Dach und ist grün gestrichen.

[illegible]

4 Max will zum Bahnhof. Eine Frau erklärt ihm den Weg.
Zeichne den Weg in das Bild ein.

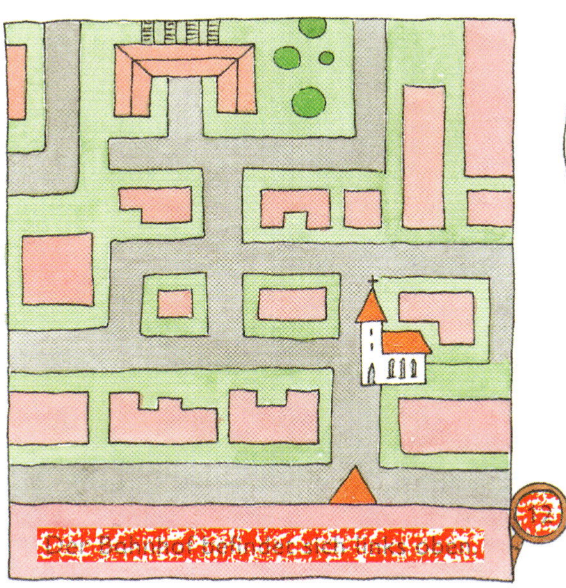

[illegible]

Sinnerfassendes Lesen

1 Was kauft Karlo ein? Kreise die Dinge ein.

a) Oval und zerbrechlich.
Davon sechs Stück.

b) Krumm und gelb.
Davon vier Stück.

2 Heute sind viele Lebensmittel im Angebot.
Unterstreiche wichtige Wörter. Der Tipp hilft dir.
Welche Angebote passen zu den Dingen? Verbinde.

a) Gesund und voller Vitamine! Ganz frisch aus Afrika.
Jetzt zum halben Preis!

b) Aus wunderbarem Blütennektar gemacht.
Der süße Genuss fürs Frühstück! Um 1 € billiger!

c) Von glücklichen Kühen aus den Bergen!
Der Geschmack ist wunderbar! Jetzt billiger!

d) Eine leckere Mischung aus Getreide, Nüssen
und Rosinen. Heute im Sonderangebot!

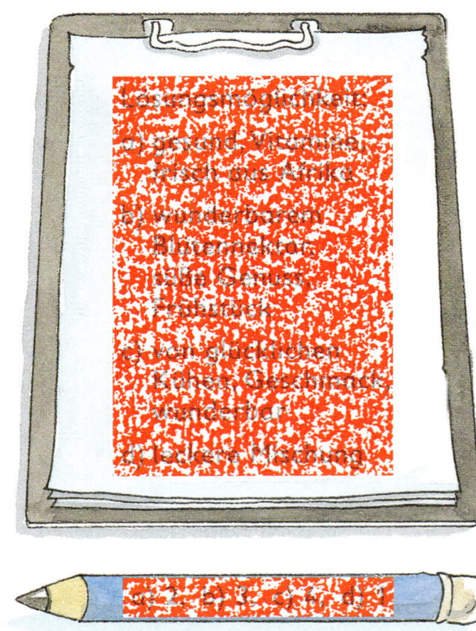

Tipp Unterstreiche wichtige Wörter in einem Text, z. B. Namenwörter oder Wiewörter. So verstehst du den Inhalt schneller und kannst ihn dir besser merken.

3 Lies die Angebote von Aufgabe 2 und decke sie ab. Ergänze die Lücken. Achte auf die Wiewörter.

a) Eine __________ Mischung!

b) Ganz __________ aus Afrika!

c) Von ______________ Kühen aus den Bergen.

d) Aus ______________ Blütennektar gemacht.

4 Immer zwei Sätze gehören zusammen. Welche?

1. Die Kartoffeln sind frisch vom Feld geerntet.
2. Die Eier sind frisch und groß.
3. Der Käse wird aus bester Ziegenmilch gemacht.
4. Sie eignen sich gut als Beilage.
5. Die Tiere leben in den Bergen.
6. Die Bananen sind gesund und voller Vitamine.
7. Sie stammen von Bauernhöfen.
8. Affen essen sie besonders gern.

5 Weißt du, welche Gemüsesorten gesucht sind? Male sie in den Einkaufskorb.

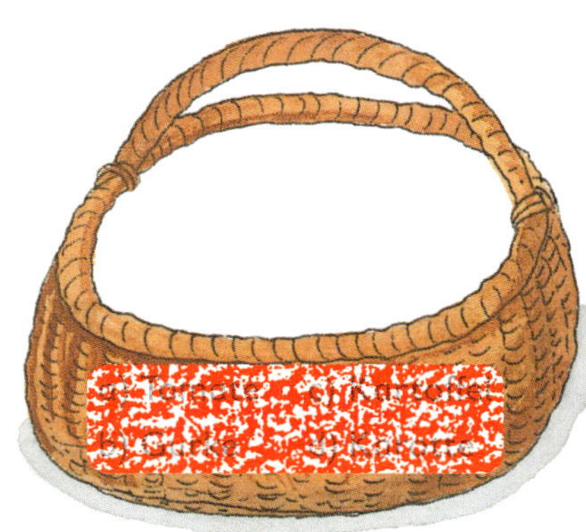

a) rund und rot
b) lang und grün
c) klein und braun
d) knackig und orange

Reihenfolge erkennen

1 Lisa und Sonja gehen heute ins Eisstadion.
Schau dir das Bild gut an. Lies den Text durch.
Bestimme die Reihenfolge von 1–4.
Der Tipp hilft dir.

a) ◯ Zuerst fahren Lisa und Sonja noch unsicher. Nach ein paar Minuten klappt es besser.

b) ◯ Heute gehen Lisa und Sonja ins Eisstadion. Sie haben ihre neuen Schlittschuhe dabei.

c) ◯ Zum Schluss fällt auch noch Sonja aufs Eis und liegt neben Tina auf dem Boden.

d) ◯ Aber dann fährt Lisa zu schnell. Sie kommt aus dem Gleichgewicht und fällt hin.

Tipp Lies dir die Texte genau durch.
Achte auf Wörter wie **zuerst, dann, zum Schluss.**
Sie sagen dir, was nacheinander passiert.

2 Welches der drei Wörter kommt im Text oben jeweils zuerst vor?
Unterstreiche es und schreibe es auf.

a) unsicher, noch, Lisa ______

b) Eisstadion, Sonja, Schlittschuhe ______

c) auch, Eis, Boden ______

d) Gleichgewicht, fällt, schnell ______

3 Lies dir den Text von Aufgabe 1 noch einmal in Ruhe durch und decke ihn dann ab. Schreibe die entsprechende Zahl zum Bild. Zu welchem Textabschnitt gibt es kein Bild?

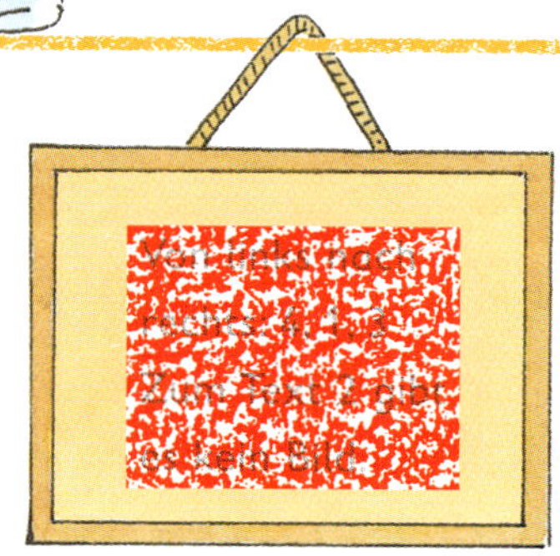

4 Weißt du, welches der fünf Bilder zu welchem Abschnitt gehört? Schreibe jeweils den passenden Buchstaben in das Kästchen.

a) Dann spielen Lisa und Sonja ein Würfelspiel.

b) Nach dem Spielen essen sie Apfelschnitze.

c) Zuerst gehen Lisa und Sonja Schlittschuh laufen. Es macht ihnen sehr viel Spaß.

d) Abends liest Sonja noch in ihrem Lieblingsbuch. Es war ein schöner Tag.

e) Danach gehen Lisa und Sonja nach Hause und trinken eine Tasse heiße Schokolade.

Flüssiges Lesen

1 Tim und seine Schwester lassen Drachen fliegen. Pia kann Tim kaum verstehen, weil es so stark windet. Er muss den Satz mehrmals wiederholen. Lies den Text laut und flüssig vor. Der Tipp hilft dir.

Mein Drachen
Mein Drachen tanzt
Mein Drachen tanzt wild
Mein Drachen tanzt wild im Kreis
Mein Drachen tanzt wild im Kreis herum
Mein Drachen tanzt wild im Kreis herum und
Mein Drachen tanzt wild im Kreis herum und flattert.

Tipp Lies bei schwierigen Sätzen oder Zungenbrechern zuerst die einzelnen Wörter. Lies danach die Satzteile. Lies dann die einzelnen Sätze. Danach wiederhole die Sätze, bis du sie schnell und flüssig lesen kannst.

2 Erfinde selbst einen langen Satz. Schreibe jeweils ein neues Wort dazu.

Die Blätter ______________________

____

____

____

____

3 Lies das Drachengedicht auf unterschiedliche Art und Weise.

1. Lies das Gedicht ganz langsam.
2. Lies das Gedicht mit ganz hoher Stimme.
3. Lies das Gedicht mit ganz tiefer Stimme.
4. Lies das Gedicht so schnell wie möglich.
5. Lies das Gedicht rückwärts,
   beginne also mit der letzten Zeile.

Der Drachen fliegt
auf und ab,
vor, zurück,
hoch und nieder,
immer, immer wieder.

4 Versuche diesen Zungenbrecher flüssig zu lesen.

Der Drachen dreht sich drollig dreißigmal.
Drollig dreht sich der Drachen dreißigmal.
Dreißigmal dreht sich der Drachen drollig.

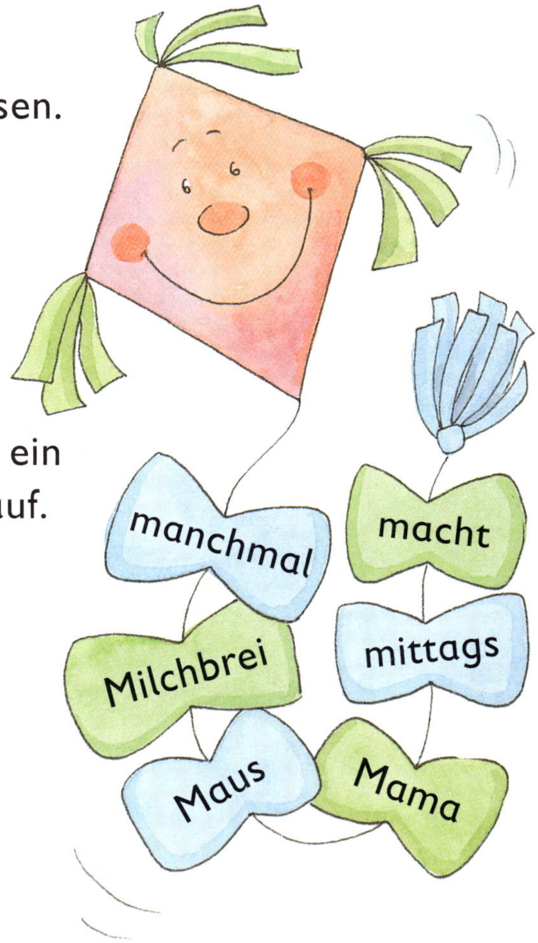

5 Ordne die Wörter auf den Schleifen so, dass ein Zungenbrecher entsteht. Schreibe den Satz auf.

____

____

____

[redacted]

6 Kannst du den Satz auf dem Drachen schnell und flüssig lesen? Probiere es mehrmals.

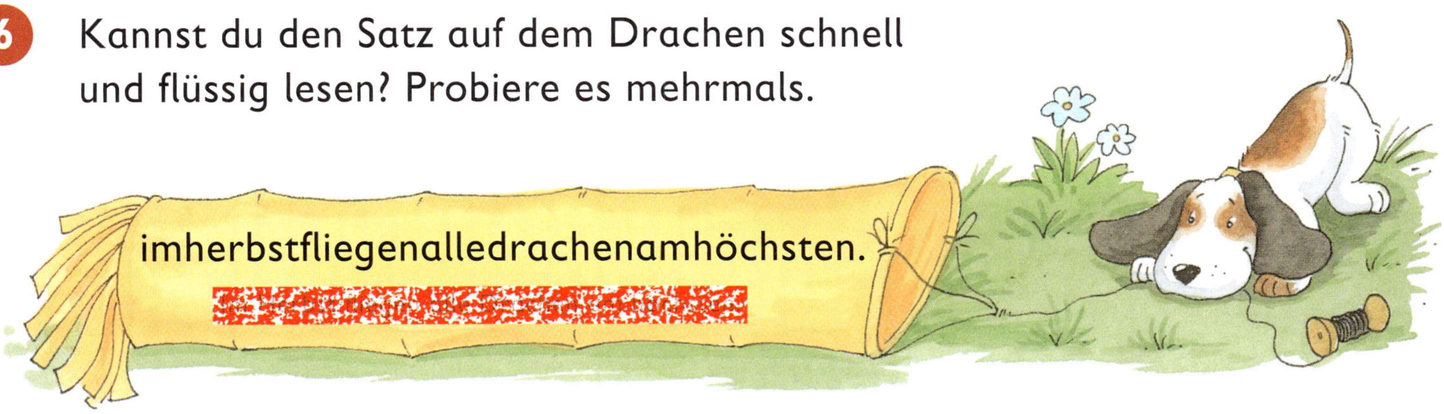

Textinhalte erfassen

1 Jens und sein Vater bauen ein Vogelhaus.
Lies die Bauanleitung durch.
Unterstreiche alle Wörter, mit denen du auf die Frage *Wie viel?* antworten kannst.

Material:
Für das Vogelhaus benötigst du fünf Bretter: 35 cm lang und 20 cm breit. Du benötigst zwei kleinere Bretter: 20 cm lang und 20 cm breit. Besorge dir außerdem eine runde Holzstange. Um das Haus anzumalen, brauchst du einen kleinen Eimer schwarze Farbe und einen großen Eimer rote Farbe.

Tipp Stelle W-Fragen, damit du Wichtiges aus dem Text schnell erfassen kannst, z. B.
Wer? Was? Wie viel? Wie? Wann? Wo?

2 Jens hat eine Einkaufsliste geschrieben.
Lies nochmals die Bauanleitung. Ergänze die Lücken.

- 5 Bretter: ________ lang und ________ breit
- 2 Bretter: 20 cm ________ und 20 cm ________
- 1 ________________ Holzstange
- 1 kleinen Eimer ________________ Farbe
- 1 ______________ Eimer rote ______________

3 Lies dir die Bauanleitung weiter durch.
Zeichne das Vogelhaus fertig und male es an.

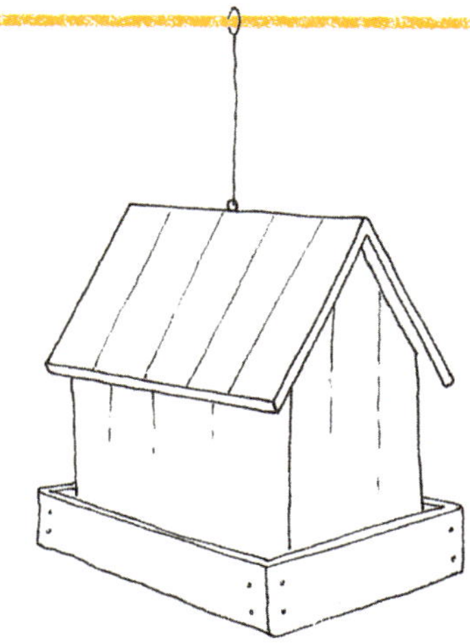

In die Mitte einer Wand wird ein rundes Loch gesägt. Darunter kommt die runde Holzstange. Dort können sich die Vögel hinsetzen. Das Dach wird mit schwarzer Spezialfarbe angemalt, damit es nicht ins Haus regnet. Die Wände werden mit roter Farbe angemalt.

4 Welche Beschreibung passt zu diesem Vogelhaus?
Kreise den passenden Buchstaben ein.
Das Bild links hilft dir, die richtige Lösung zu finden.

Das Vogelhaus …

a) … hat zwei Löcher und zwei Sitzstangen.
Es hat ein rotes Dach und schwarze Wände.

b) … hat eine Sitzstange und ein Loch.
Das Dach ist schwarz und die Wände sind blau.

c) … hat ein gelbes Dach und blaue Wände.
Vor einem der zwei Löcher ist eine Sitzstange.

d) … hat ein blaues Dach und schwarze Wände.
Vor einem Loch sind zwei Sitzstangen.

5 Weißt du, welchen Vogel Jens im Futterhäuschen entdeckt hat? Lies seine Beschreibung gut durch.

____

Sachtexte verstehen

1 Jana besucht mit ihrer Klasse eine Fabrik. Dort werden Spiele hergestellt. Der Fabrikleiter erklärt den Kindern den Produktionsablauf. Unterstreiche Wichtiges. Der Tipp hilft dir.

Tipp Du verstehst Sachtexte besser, wenn du wichtige Wörter im Text unterstreichst. Die Antworten auf die W-Fragen Wer? Was? Wie viel? Wie? Wann? Wo? können dir dabei helfen.

2 Vervollständige die Sätze.

a) Täglich werden ________ Spiele hergestellt.

b) Auf dem Fließband legt jedes Spiel ________ zurück.

c) Die Herstellung dauert ____________________.

d) Die Spiele werden in ____________________ verschickt.

3 Jana informiert sich in einem Prospekt über die Fabrik. Lies den Text. Schreibe die wichtigsten Stichwörter auf.

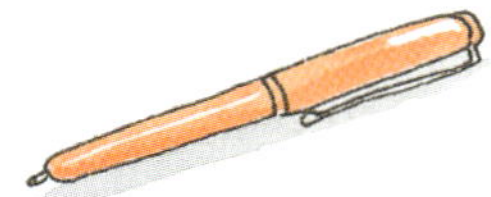

Die Fabrik besteht seit 1925
und ist ein Familienbetrieb.
Es werden Brettspiele und
Kartenspiele hergestellt.
Die Spiele werden in verschiedene
Sprachen übersetzt. So können
sie ins Ausland verkauft werden.

4 a) Im Text sind einige Wörter nicht richtig. Streiche sie durch.

In der Fabrik werden Bretter und Kartenspiele hergestellt. Das Spiel „Wettrennen“ wird jeden Tag 600-mal hergestellt. An den Maschinen arbeiten 20 Leute. Die Fabrik besteht seit 1920 und wird von einer Familie geleitet. Die Spiele werden nicht ins Ausland verkauft.

[redacted]

b) Ersetze die durchgestrichenen Wörter und schreibe die passenden Angaben auf die Linien.

Rätsel lösen

1 Die Kinder machen eine Schnitzeljagd.
Dabei müssen sie viele Rätsel lösen.
Trage die Wörter in die Kästchen ein.
Das Lösungswort liest du in Pfeilrichtung.

1. Nicht weiß
2. Nicht hart
3. Nicht niedrig
4. Nicht oben
5. Nicht kurz
6. Nicht leicht

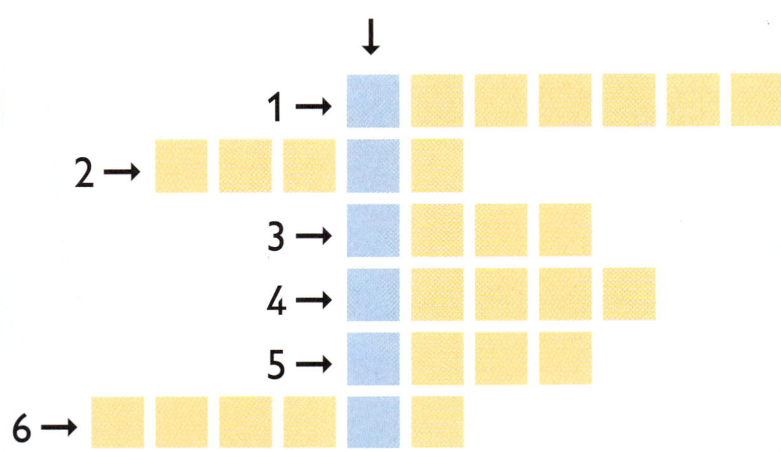

2 Setze beim Lesen für die Bilder Wörter ein.
Welcher Ort wird gesucht?

Dort leben . Dort ist es .

Dort gibt es . Dort stehen viele .

Dort ist das nächste Rätsel versteckt. 

3 Lies das Rätsel. Welche Buchstaben passen nicht dazu? Trage sie in die Kästchen ein und du weißt, wo die Kinder das 4. Rätsel finden.

UMDENSCHATZSZUFINDENEMÜSSTIHR SEHRESCHLAUSEIN.

4 Wo geht die Suche der Kinder weiter? Umkreise jeden 5. Buchstaben.

WFRCGTSAOALMPBRKZGFTNCVHEAMWXNST

5 Wie viele Vögel siehst du auf Seite 54 und 55? Zähle. ______________

6 Wo ist der Schatz versteckt? Zwei Wörter sind gesucht. Zusammen ergeben sie die Lösung.

Es ist ganz klein und fein.
In der Wüste gibt es viel davon.
Es gibt sogar eine Uhr damit.

Was ist das? ______________

Es ist oft aus Holz oder Metall.
Es ist nicht rund, sondern eckig.
Das Brot wird darin aufbewahrt.

Was ist das? ______________

Optische Wahrnehmung schulen

1 Tina und Max fahren mit ihren Eltern ans Meer. Was packt Max in den Koffer? Suche vier Sachen, die er zum Schwimmen braucht. Kreise sie ein.

BADEHOSEBUCHSCHWIMMFLOSSEN
HANDTUCHTAUCHERBRILLESTIFTE
WECKERZAHNPASTAKAMMSOCKEN

2 Tina packt auch fleißig Dinge ein. Weißt du, was? Streiche alle X und Y durch. Lies die Wörter und schreibe sie auf die Linien.

BÜCXHEYRHXXOSEYNSXTOYYFFTXYIEXRX
SCHYXUYHEMÜYXTZYEYYXBYYAYXXLXXLX
SCHXYYIRYMXYPUXYLLYXOXYYYVXEYRYY
JXAYCKYXEYYXSCHXYLAXXFAYXNXZYYUG

3 a) Was hat Tina beim Packen vergessen? Setze die beiden Wörter auf den Taschen zu einem Wort zusammen.

[redacted]

b) Wofür brauchst du diesen Gegenstand? Male ein passendes Bild in den Rahmen.

4 Konfetti hat Tinas Socken durcheinandergebracht. Male immer zwei Socken mit dem gleichen Buchstabenmuster in derselben Farbe an.

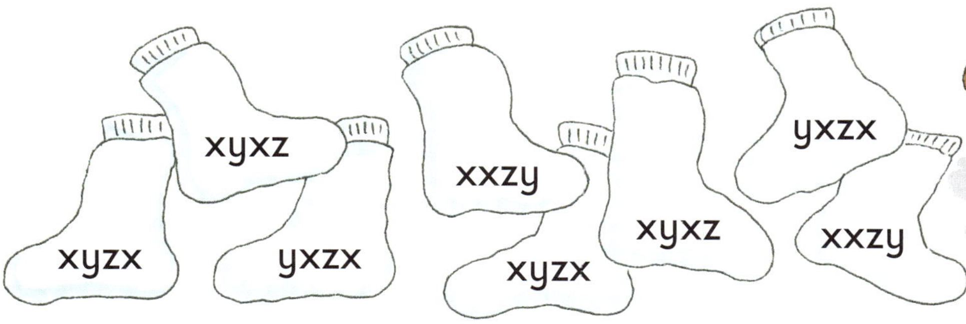

5 Was nehmen die Eltern von Tina und Max mit? Schreibe die Wörter auf und lies sie laut. Der letzte Buchstabe eines Wortes ist der Anfangsbuchstabe vom neuen Wort.

HUTASCHEIMERUCKSACKAMERANZUGITARRE

Hut, ____

____

6 Karlo sucht die Handtücher mit der Aufschrift „Strandtuch". Welche sind es? Lies die Wörter.

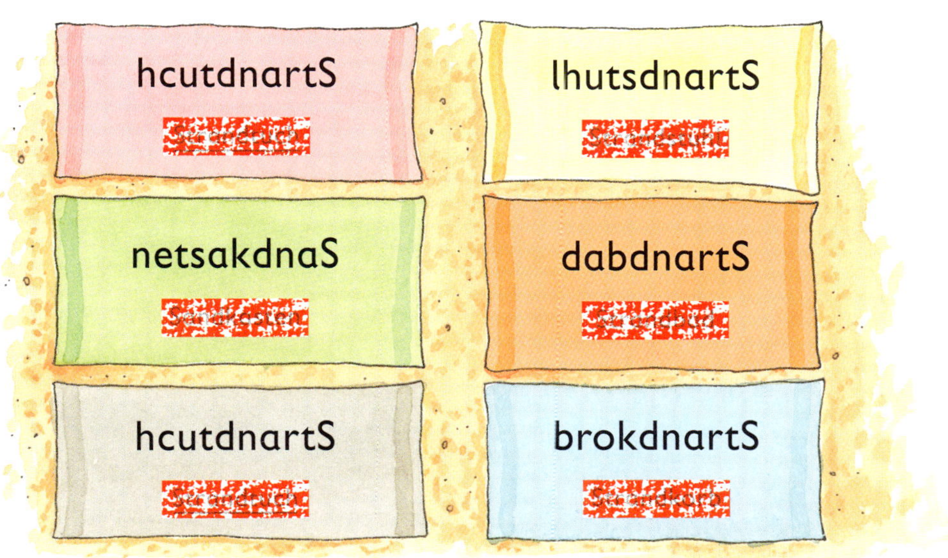

Betontes Lesen

1 Max und Tina sind mit ihren Eltern am Flughafen. In zwei Stunden fliegen sie ab. Max hört über Lautsprecher eine Durchsage.
Lies sie laut und betont vor. Der Tipp hilft dir.

Tipp Bei Fragen (z. B. Wie geht's dir?) sollte deine Stimme am Satzende nach oben gehen.
Bei Ausrufen (z. B. Vorsicht!) sollte deine Stimme lauter werden.
Versuche beim Lesen eines Gesprächs auszudrücken, wie sich die Personen fühlen: *Freuen* oder *ärgern* sie sich? Haben sie *Angst*?

2 Wie viele Ausrufesätze und wie viele Fragesätze gibt es in Aufgabe 1? Lies die Sätze nochmals.

---

3 Am Informationsschalter hört Tina einem Gespräch zu. Lies es laut und betont vor.

„Kann ich Ihnen helfen?“

„Mir wurde mein Koffer gestohlen.“

„Wo haben Sie den Koffer das letzte Mal gesehen?“

„Ich habe im Warteraum C 25 gesessen. Ich bin nur kurz aufgestanden.“

„Ich werde telefonieren. Vielleicht ist Ihr Koffer auch abgegeben worden.“

„Vielen Dank!“

4 Über den Lautsprecher kommen viele Meldungen. Setze die Satzzeichen ? oder ! ein. Lies betont vor.

1. Haben Sie Ihr Gepäck kontrollieren lassen ☐
2. Gehen Sie zum Ausgang B 60 ☐
3. Wer hat seine Jacke im Warteraum liegen lassen ☐
4. Herr Braun, bitte zur Information kommen ☐

5 Welche Fragesätze und Ausrufesätze gehören zusammen? Verbinde. Lies dann laut vor.

A. Bitte halten Sie	1. Gepäck noch abgeben?
B. Gehen Sie jetzt	2. Bordkarten dabei?
C. Wer muss das	3. Ihre Pässe bereit!
D. Haben Sie Ihre	4. zum Ausgang!

Rhythmisches Lesen

1 Silvia übt mit ihren Freunden ein Theaterstück für Omas Geburtstag. Lies dir die Reime durch und lerne sie auswendig. Der Tipp hilft dir.

Tipp Lies den Reim zuerst ganz langsam. Dann lies ihn schneller und klatsche bei jeder Silbe. Steh auf, sage den Reim auswendig auf und mache bei jeder Silbe einen Schritt.

2 Ergänze die Lücken. Verbinde die Reime mit den richtigen Personen. Lerne die Reime auswendig.

Pii, paa, pee,
ich bin die gute ____________________.

Masch, musch, mosch,
ich bin der grüne ____________________.

Tach, tuch, toch,
ich bin der große ____________________.

3 Der Reim der Hexe ist durcheinandergeraten.
Schreibe ihn auf und lerne ihn auswendig.

____

____

____

____

____

Hexerei!

1, 2, 3,

4, 5 und 6,

4 Kannst du den Reim lesen?
Lies erst die einzelnen Wörter und klatsche zu den Silben. Lies dann schneller.

◯ns, zw◯, dr◯,
das ist ◯nfach Zauber◯!
Dr◯, zw◯, ◯ns,
aus d◯nem wird jetzt m◯ns!

5 Karlo hat ein Gedicht geschrieben.
Lies es mit verschiedenen Stimmen vor.

Heute brauch' ich nichts zu kochen,
Konfetti kriegt 'nen Riesenknochen.
Er wird heute sieben Jahr',
das feiern wir mit viel Trara!

Gedichte vortragen

1 Pia hat Geburtstag. Sie bekommt viele Geschenke.
Ihre Mutter hat ihr sogar ein Gedicht geschrieben.
Lies das Geburtstagsgedicht laut. Der Tipp hilft dir.

Zum Geburtstag ganz viel Glück
und ein großes Kuchenstück.
Ein großes Fest bis Mitternacht,
dass jeder nur vor Freude lacht.
Alle Gäste, groß und klein,
wollen heute bei dir sein.
Wir wünschen dir das Allerbeste
und drücken dich dabei ganz feste.

Tipp Wenn du ein Gedicht vorträgst,
so versuche wichtige Wörter zu betonen.
Deine Stimme kann dabei
lauter und leiser werden.

2 Lies das Gedicht noch einmal.
Welche Wörter reimen sich? Unterstreiche sie.

3 Kannst du den letzten Vers des Gedichts vortragen?
Ordne zuerst die Wörter richtig.
Schreibe den Vers auf und trage ihn vor.

____________________ ist wunderschön

____________________ zu Ende gehn.

____________________ Dieser Tag

____________________ und sollte nie

4 Schau dir die Bilder genau an.
Welches Bild passt nicht zum Gedicht?

a)

b)

c)

d)

5 a) Trage die richtige Reihenfolge von 1–5 ein.

b) Kannst du das Gedicht schon auswendig?
Übe es mit den passenden Bewegungen.

◯ Dieser Tag ist wunderschön
und sollte nie zu Ende gehn.

◯ Ein großes Fest bis Mitternacht,
dass jeder nur vor Freude lacht.

◯ Zum Geburtstag ganz viel Glück
und ein großes Kuchenstück.

◯ Alle Gäste, groß und klein,
wollen heute bei dir sein.

◯ Wir wünschen dir das Allerbeste
und drücken dich dabei ganz feste.

Mache eine große kreisförmige Bewegung mit deinen Händen.

Bei „Freude“: Springe in die Luft.

Führe die Hand zum Mund, als ob du essen würdest.

Bei „groß“: Stelle dich auf die Zehenspitzen.
Bei „klein“: Mache eine Kniebeuge.

Bei „drücken“: Verschränke deine Arme vor der Brust.

Wiederholung

1 Lies den Text genau durch. Suche die Farbwörter im Text und unterstreiche sie.
Male dann das Bild vom Clown richtig an.

Ich habe einen großen gelben Hut mit einer roten Feder. Auf meiner dicken roten Nase trage ich eine grüne Brille. Meine Jacke ist blau und grün gestreift. Die rote Hose ist mir viel zu kurz. Dafür sieht jeder meine großen schwarzen Schuhe. Auf meine gelbe Fliege bin ich besonders stolz.

2 In jedem Satz ist ein Wort falsch. Streiche es durch.
Lies die Sätze nochmals. Ergeben sie nun Sinn?

Hoch oben unten am Himmel gibt es viele Wolken.
Die Wolken werden manchmal nie schwarz.
Plötzlich fällt steigt der Regen vom Himmel.
Die Erde wird nun ganz trocken nass.

3 Lies die beiden Zungenbrecher:
zuerst die Wörter, dann die Sätze, dann alles zusammen. Werde immer schneller.

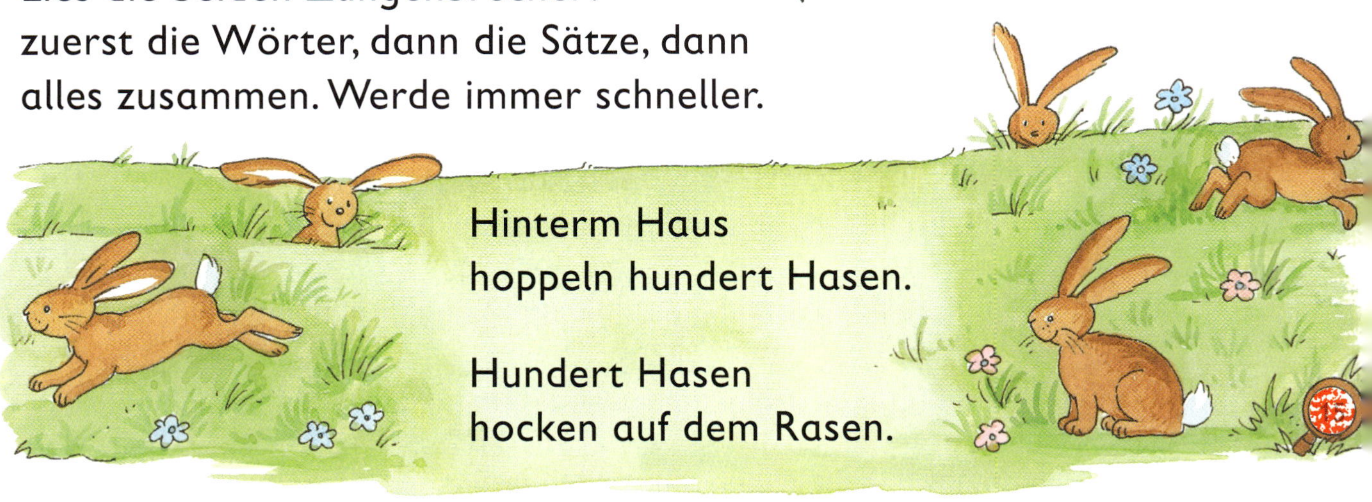

Hinterm Haus
hoppeln hundert Hasen.

Hundert Hasen
hocken auf dem Rasen.

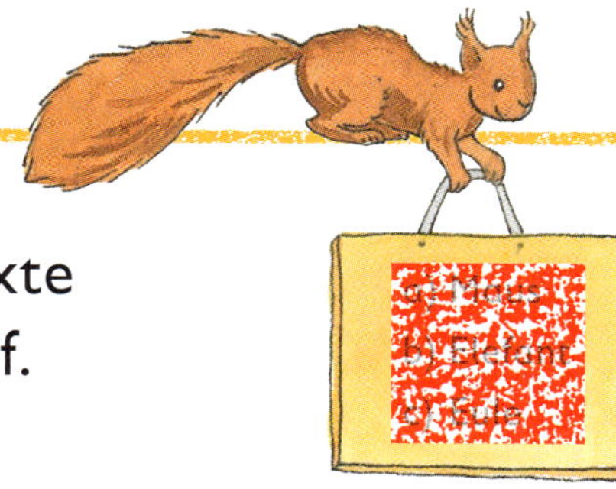

4 Um welche Tiere geht es hier? Lies die Texte und schreibe die passenden Tiernamen auf.

a) Ich habe vier Pfoten. Ich bin klein und grau.
Ich mag besonders gern Käse. ____________

b) Ich habe vier Füße. Ich bin groß und grau.
Ich habe einen langen Rüssel. ____________

c) Ich habe zwei Füße. Ich kann fliegen.
Ich fresse Mäuse. Ich bin in der Nacht wach. ____________

5 Findest du in der Schlange vier Tiernamen?
Schreibe sie auf die Linie.

____

6 Was bekommt Nina zum Geburtstag?
Lies die Wörter. Sie sind rückwärts geschrieben.

Knack den Code

Auf jeder Doppelseite (Seite 36 – 65) findest du eine kleine braune Lupe. Darin steht jeweils eine Zahl.

- Schreibe die Zahlen nacheinander auf die Linien.
- Ersetze sie dann durch die Buchstaben, die auf dem Zettel versteckt sind: zum Beispiel 8 durch den Buchstaben E.
- Trage jeweils den passenden Buchstaben unter der Zahl ein. Wie heißt der Lösungssatz?

CODE

8 =	17 =
15 =	4 =
3 =	14 =
20 =	12 =
9 =	

___	___	___	12	___	___

,

___	8	___	___	___	___	20	___	___	___	___	___

!

Code geknackt:

Datum

Mein Detektivname

Fingerabdruck

Unterschrift

Rechnen bis 100

Zahlenraum bis 100

1 Die Hühner auf dem Bauernhof haben Futter bekommen. Wie viele Körner liegen insgesamt auf dem Boden? Umkreise jeweils 10 Körner.

Frage: ______________________________

____

Rechnung: ______________________________

Antwort: ______________________________

____

Regel 10 E (Einer) = 1 Z (Zehner)
10 Z (Zehner) = 1 H (Hunderter)

2 Auf dem Hof gibt es auch Küken.
Die Kästchen zeigen dir, wie viele Küken es sind.

Es sind insgesamt ____ Küken.

3 Der Bauer zählt die Eier in den Nestern.
Trage die Zahlen in die Stellenwerttafel ein.
Wie viele Eier sind es insgesamt?

	H	Z	E	Zahl
Montag		1	4	14
Dienstag				16
Mittwoch				12
Donnerstag				18
Freitag				17
Samstag				12
Sonntag				11
insgesamt				___

4 Jede Form steht für eine Zahl.
Male die Aufgaben wie im Beispiel auf.

■ = 100   ▮ = 10   ● = 1

125 = 100 + 20 + 5 = ■ ▮▮ ●●●●●

152 = 100 + 50 + 2 = ____________

134 = 100 + 30 + 4 = ____________

5 Schreibe die Formen als Zahl auf.

▮▮▮▮▮▮ ●●● = 63

■ ▮▮▮ ●●● = ____

■ ▮▮▮▮ ●●●●● = ____

▮▮▮▮▮▮▮▮ ●●●●● = ____

■ ▮▮ ●●●●●●● = ____

■ ▮▮ ●●●●● = ____

Vergleichen und ordnen

1 Ines, Max und Paul spielen Sackhüpfen im Garten.
Trage die fehlenden Zahlen für die Sprünge ein.

Ines ist die Schnellste:

10	20	30	40			
		100				

Paul hüpft wie ein Känguru:

5	10	15						45

Max ist sehr langsam:

2	4	6						18

2 Max baut Türme aus Kieselsteinen.
Welcher Turm ist größer? Trage < oder > ein.

10 _<_ 30	80 ___ 90
70 ___ 40	40 ___ 10
20 ___ 50	50 ___ 20

3 a) Ines stellt den Jungen ein Rätsel. Sie legt aus Steinen ein Muster. Zuerst müssen die Steine nummeriert werden. Hilfst du den Kindern?

1	2		4			7	
9		11	12		14		
17				21			24
	26	27	28		30		
	34			37	38		
	42		44		46		48
49			52		54	55	
57			60		62		64

b) So geht das Rätsel weiter:

- ☐ Streiche alle Zahlen, die größer als 45, aber kleiner als 54 sind.
- ☐ Streiche alle geraden Zahlen zwischen 9 und 33.
- ☐ Streiche alle ungeraden Zahlen zwischen 26 und 58.
- ☐ Streiche alle Zahlen, die eine 1 oder 3 enthalten.

- ☐ Streiche alle Zahlen zwischen 41 und 63.
- ☐ Streiche die größte Zahl.
- ☐ Streiche den Vorgänger und Nachfolger von 5.
- ☐ Streiche alle Zahlen, die keinen Zehner haben.
- ☐ Streiche die ungerade Zahl, die noch übrig ist.

Die Lösungszahl heißt ____.

4 Schau dir das Muster aus Steinen noch einmal an. Welche Zahlen stehen immer auf den hellen Steinen, welche immer auf den dunklen Steinen?

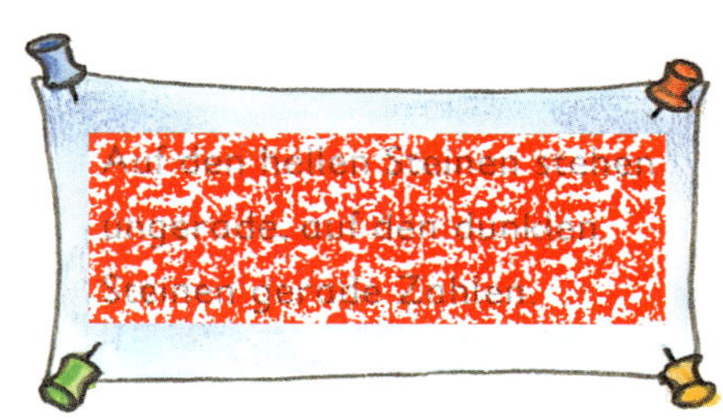

Addieren bis 100

1 Pia will aus Eicheln und Kastanien Ketten basteln.
Aus wie vielen Früchten bestehen die Ketten?

3 Kastanien + 13 Eicheln = 13 + 3 = 16 Früchte

4 Kastanien + 11 Eicheln = ______________ Früchte

8 Kastanien + 3 Eicheln = ______________ Früchte

4 Kastanien + 12 Eicheln = ______________ Früchte

Tipp Manchmal fällt dir das Rechnen leichter, wenn du die Tauschaufgabe rechnest.

Rechne so: 5 + 12 =

12 + 5 = 17

2 Konfetti jagt das Kaninchen mit dem höchsten Ergebnis. Welches ist es? Rechne die Aufgaben.

3 Wie viele Eicheln fehlen in jeder Futterhöhle?
Rechne die Aufgaben.

15	10	18	17
10 + 2 + 3	3 + ___ + 2	11 + 4 + ___	12 + ___ + 3

4 Karlo sammelt bunte Blätter.
Rechne die Aufgaben auf den Blättern.

30 + 70 = 100

45 + 50 = ___

37 + 40 = ___

45 + 35 = ___

89 + 10 = ___

40 + 50 = ___

18 + 52 = ___

21 + 20 = ___

26 + 73 = ___

5 Von welchem Baum hat Karlo die meisten Blätter? Rechne aus.

Buchenblätter:	21	+	20	+	50	=	___
Kastanienblätter:	63	+	17	+	20	=	___
Eichenblätter:	28	+	10	+	40	=	___

Rechenvorteile nutzen

1 Jonas übt den Aufschlag. Wie viele Bälle gehen dabei ins Netz? Ergänze die fehlenden Zahlen. Der Tipp hilft dir beim Rechnen.

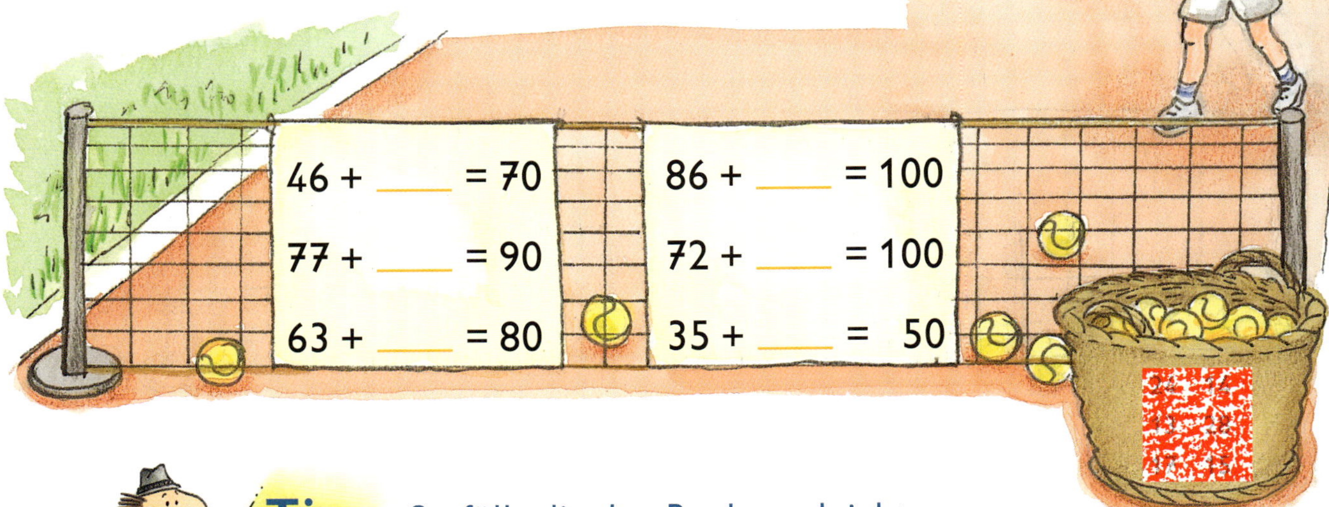

46 + ____ = 70	86 + ____ = 100
77 + ____ = 90	72 + ____ = 100
63 + ____ = 80	35 + ____ = 50

Tipp So fällt dir das Rechnen leichter:
Ergänze zuerst auf volle Zehner
und zähle dann den Rest dazu.

Beispiel: 43 → (+ 19) → 62
43 → (+ 7) → 50 → (+ 12) → 62

2 Jonas möchte den Schläger benutzen, auf dem die größte Zahl fehlt. Welcher ist das? Kreuze an.

☐  44 + ____ = 60

☐  78 + ____ = 90

☐  63 + ____ = 80

☐  57 + ____ = 70

3 Der Gewinner jedes Spiels bekommt Punkte.
Wer gewinnt? Jonas oder sein Freund Peter?

					Punkte gesamt
a) Jonas:	60	+	30	=	____
b) Peter:	40	+	20	=	____

Tipp Lasse beim Rechnen zuerst die Nullen weg und hänge sie am Ergebnis wieder an.

Beispiel: $30 + 20 = 50$
$3 + 2 = 5$ ↓
$30 + 20 = 50$ 0 wieder anhängen

4 Konfetti entdeckt im Gebüsch ein kleines Tier.
Welches? Rechne die Aufgaben und male das Feld mit dem passenden Ergebnis bunt an.

15 + ____ = 50
37 + ____ = 55
46 + ____ = 86
42 + ____ = 75
38 + ____ = 54
29 + ____ = 81
44 + ____ = 65
30 + ____ = 49
26 + ____ = 40

[redacted]

Subtrahieren

1 Paula und Lea springen mit dem Seil um die Wette. Paula schafft 16 Sprünge, Lea erreicht 4 weniger. Rechne aus, wie viele Sprünge Lea schafft.

Frage: ______________________________

____

Rechnung: ______________________________

Antwort: ______________________________

2 Melanie zählt nicht richtig. Wie viele Sprünge schaffen Paula und Lea wirklich? Rechne aus.

18 Sprünge – 7 = _____ Sprünge

8 Sprünge – 6 = _____ Sprünge

15 Sprünge – 5 = _____ Sprünge

37 Sprünge – 4 = _____ Sprünge

17 Sprünge – 3 = _____ Sprünge

28 Sprünge – 9 = _____ Sprünge

Tipp Wenn du eine Aufgabe nicht lösen kannst, kannst du Knöpfe oder Zahnstocher zu Hilfe nehmen.
Beispiel: 22 – 13 = ?
Lege 22 Knöpfe auf den Tisch und nimm davon 13 Knöpfe weg.
Zähle die Knöpfe, die dann noch auf dem Tisch liegen.
Diese Zahl ist das Ergebnis.

3 Folge dem Seil und trage in jeden Griff das richtige Ergebnis ein.

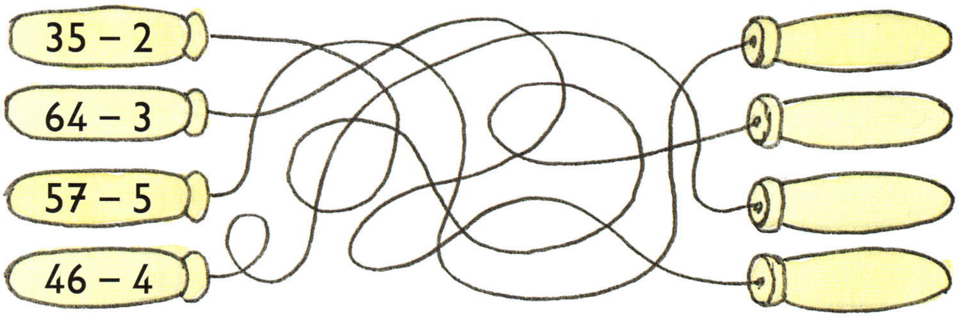

[redacted]

4 Paula und Lea machen eine Pause.
Hilfst du den beiden, die Aufgaben zu rechnen?

–	2	5	6	8	7	3	4
48	[redacted]	[redacted]	[redacted]	[redacted]	[redacted]	[redacted]	[redacted]
38	[redacted]	[redacted]	[redacted]	[redacted]	[redacted]	[redacted]	[redacted]
18	[redacted]	[redacted]	[redacted]	[redacted]	[redacted]	[redacted]	[redacted]
8	[redacted]	[redacted]	[redacted]	[redacted]	[redacted]	[redacted]	[redacted]

5 Lea hat Bonbons dabei. Paula bekommt die Bonbons mit Ergebnissen unter 50, Lea die mit Zahlen über 50.
Wer bekommt mehr?

80 – 60 = ____ [redacted]

80 – 40 = ____ [redacted]

100 – 40 = ____ [redacted]

90 – 20 = ____ [redacted]

70 – 60 = ____ [redacted]

90 – 50 = ____ [redacted]

[redacted]

Subtrahieren mit Zehnerübergang

1 Steffis Vater ist Bäcker und hat 35 Brote gebacken.
Auf dem Markt verkauft er früh am Morgen 8 Brote.
Wie viele Brote hat er jetzt noch? Beachte den Tipp.

Rechnung: ______________________

Antwort: ______________________

Tipp Rechne zuerst bis zum nächsten Zehner und subtrahiere dann den Rest.

Beispiel: 24 —(− 7)→ 17

24 —(− 4)→ 20 —(− 3)→ 17

2 Steffi hilft ihrem Vater im Laden.
Sie holt immer wieder Brezeln aus dem Ofen.

27 − 11 = ____ 25 − 16 = ____

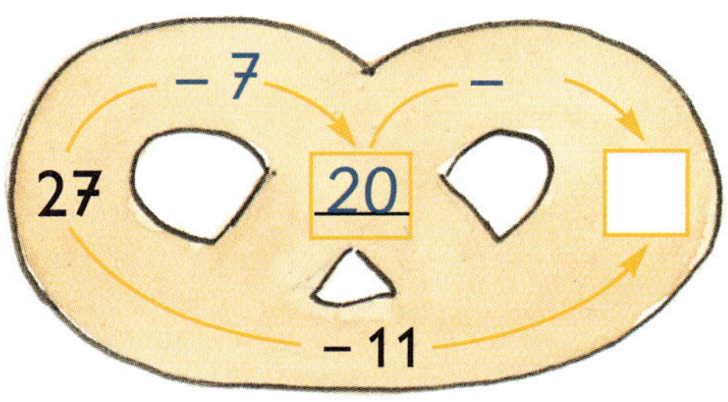

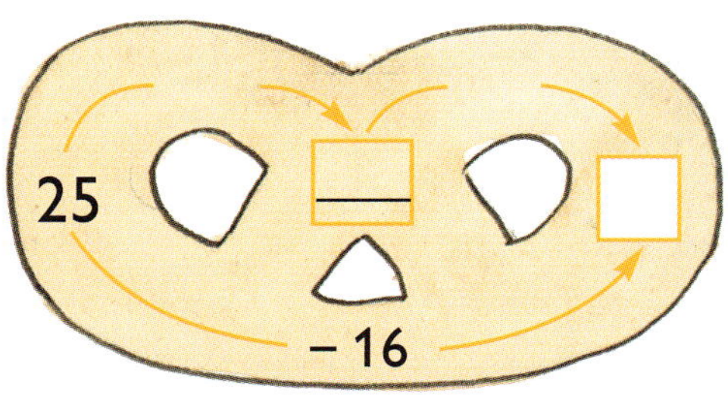

[redacted]

3 Steffi verkauft viele Kekse. Welche Zahlen musst du abziehen, damit das Ergebnis in der Mitte stimmt? Trage die fehlenden Zahlen auf den Keksen ein.

Keks 1 (Mitte: 28): 37 (9), 31, 35, 34, 32, 36

Keks 2 (Mitte: 46): 55, 62, 54, 71, 53, 85

4 Rechne und setze < oder > zwischen die Taschen. In welcher Tasche ist am meisten? Kreise sie ein.

36 – 17		56 – 24		23 – 18		44 – 26
___ [redacted]	[redacted]	___ [redacted]	[redacted]	___ [redacted]	[redacted]	___ [redacted]

5 Karlo geht zum Bäcker, weil es dort so lecker duftet. Finde heraus, welche Leckerei er sich kauft.

☐  89 – 27 → 62 – 13 → ___ – 11 → ___ [redacted]

☐  96 – 36 → ___ – 15 → ___ – 26 → ___ [redacted]

☐ 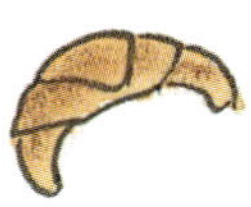 74 – 38 → ___ – 17 → ___ – 6 → ___ [redacted]

Einmaleins mit 2 und 4

1 Laura und ihre Mutter sind auf dem Markt. Mutter kauft jede Woche 1 Melone, 2 Gurken, 3 Paprika, 4 Tomaten und 5 Eier. Heute kommt Besuch, deshalb kauft sie das Doppelte. Ergänze den Einkaufszettel.

	verdoppeln	Ergebnis
1 Melone	1 + 1	2 Melonen
2 Gurken	____	____ Gurken
3 Paprika	____	____ Paprika
4 Tomaten	____	____ Tomaten
5 Eier	____	____ Eier

2 Laura und ihre Mutter kaufen auch doppelt so viele Orangen wie sonst. Rechne die Aufgaben.

$4 + 4 = 8$

$2 \cdot 4 = 8$

$2 + 2 =$ ____

$2 \cdot 2 =$ ____

$6 + 6 =$ ____

$2 \cdot 6 =$ ____

$7 + 7 =$ ____

$2 \cdot 7 =$ ____

Regel Zu jeder Plus-Aufgabe gehört eine Mal-Aufgabe.

Beispiel: $2 + 2 + 2 + 2 = 8$

oder $4 \cdot 2 = 8$

3 Trage jeweils das fehlende Ergebnis in die Gemüsekisten ein.

4 Letzte Woche hat Karlo 6 Äpfel eingekauft.
Heute kauft er das Doppelte.
Rechne aus, wie viele Äpfel es sind.

Frage: ______________________________

Rechnung: ______________________________

Antwort: ______________________________

5 Trage auch hier die Ergebnisse ein.

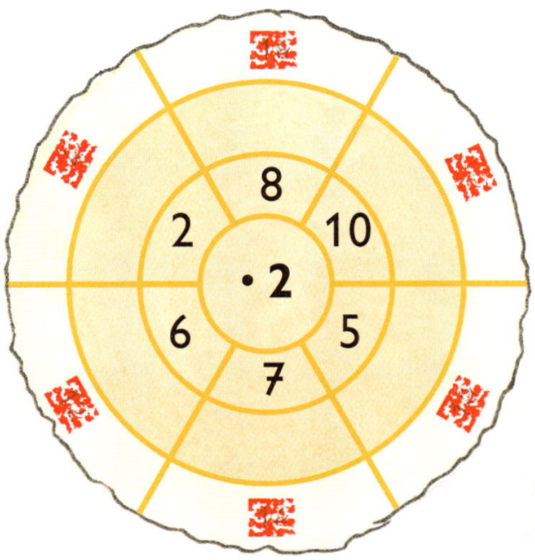

Einmaleins mit 5 und 10

1 a) Im Zoo werden die Seehunde gefüttert.
Jeder Seehund bekommt 10 Fische.
Umkreise immer 10. Reichen die Fische?

b) In jedem Eimer sind 10 Fische. Wie viele Fische werden jeweils an die Tiere verfüttert?

$5 \cdot 10$ = 50 Fische

________ = ____ Fische

________ = ____ Fische

2 Im alten Aquarium schwimmen 5 Fische.
Im neuen haben doppelt so viele Platz.
Rechne aus, wie viele Fische das sind.

Frage: ________________________________

Rechnung: ________________________________

Antwort: ________________________________

3 Immer zwei Schildkröten gehören zusammen. Rechne im Kopf und verbinde.

4 Die Kängurus springen in 10er-Schritten durch ihr Gehege. Ergänze richtig.

10 ____ 30 ____

50 ____ ____ ____

5 Die Affen werden mit Bananen gefüttert. Welche Bananen gehören nicht in den Eimer? Streiche sie durch.

Einmaleins mit 3, 6 und 9

1 Philipp spielt mit seinen Freunden im Garten. Kreise ein: Zahlen der 3er-Reihe mit Rot, Zahlen der 6er-Reihe mit Blau und Zahlen der 9er-Reihe mit Grün. Was fällt dir auf?

Tipp In der 3er-Reihe, 6er-Reihe und 9er-Reihe des kleinen Einmaleins findest du oft die gleichen Zahlen.

3	6	9	12	15	18	21	24	27	30
–	6	–	12	–	18	–	24	–	30
–	–	9	–	–	18	–	–	27	–

2 Konfetti sammelt nur die Bälle mit einem Ergebnis über 40 auf. Welche sind das? Male sie an.

3 Die Kinder lassen Murmeln in ein Loch kullern.
Die Zahlen aus der 6er-Reihe zeigen dir den Weg.
Fahre die richtigen Verbindungslinien nach.

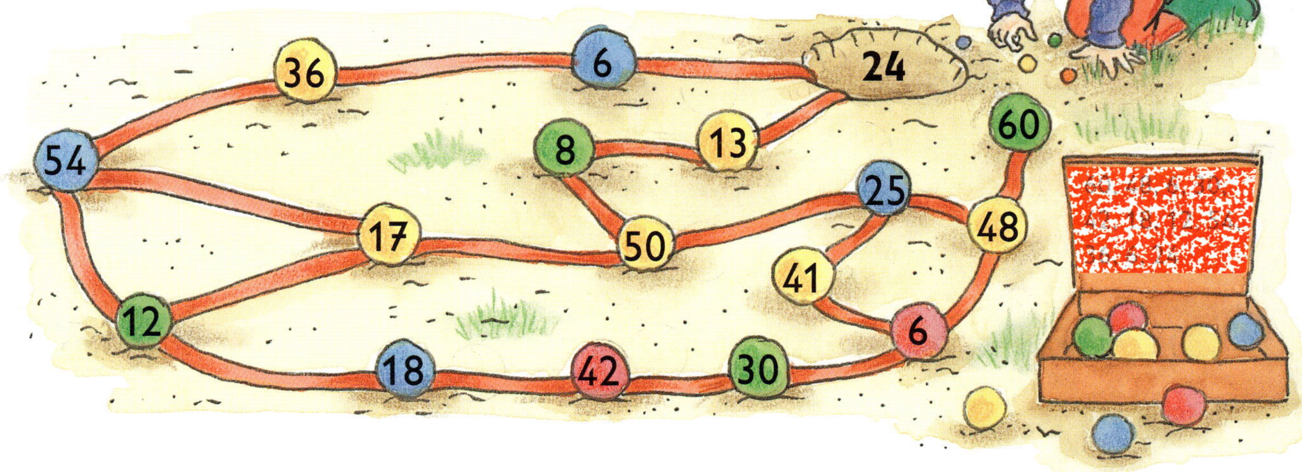

4 Die Kinder spielen mehrere Runden. Wer hat am Ende die meisten Murmeln ins Loch getroffen?

	1. Runde	+	2. Runde	zusammen sind das	=
Philipp	4 • 3	+	6 • 3	12 + 18	30
Lars	2 • 3	+	5 • 3	______	___
Maria	5 • 6	+	4 • 6	______	___

5 Wie alt ist Philipps Schildkröte? Streiche die Zahlen der 3er-, 6er- und 9er-Reihe durch.

30	12	40	9	36	23	60	18
72	73	6	9	91	90	42	16
2	29	21	19	45	82	54	25

[redacted]

Einmaleins mit 7 und 8

1 Karlo hat in genau 10 Wochen Geburtstag.
Er möchte wissen, wie viele Tage das noch sind.
Zeichne die 7er-Schritte in den Zahlenstrahl ein.

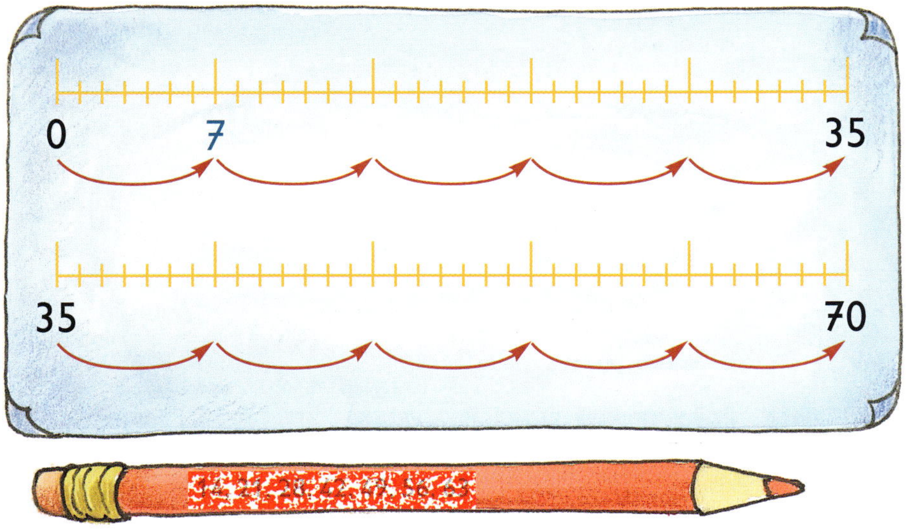

2 Konfetti ist 5 Jahre alt. Karlo wird 8-mal so alt.
Rechne aus, wie alt Karlo demnächst ist.

Frage: ______________________________

Rechnung: ______________________________

Antwort: ______________________________

3 Kannst du die Aufgaben auf den Schleifen ausrechnen? Schreibe die Ergebnisse jeweils auf das Geschenk.

4 a) Rechne die Aufgaben der 8er-Reihe.

☐	2 • 8 = ____	☐	8 • 2 = ____
☐	4 • 8 = ____	☐	8 • 4 = ____
☐	7 • 8 = ____	☐	8 • 7 = ____
☐	9 • 8 = ____	☐	8 • 9 = ____

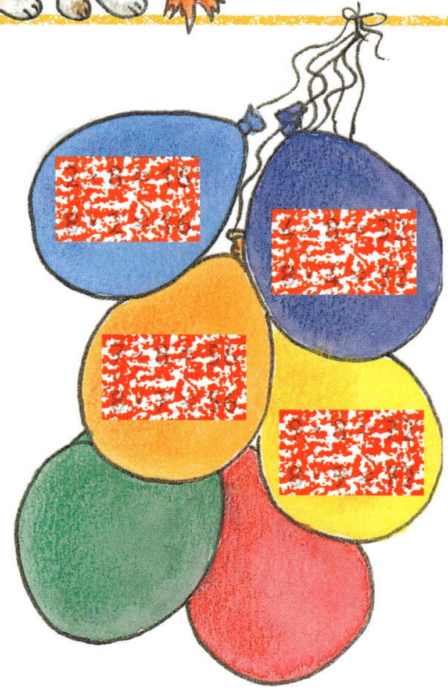

b) Vergleiche in jeder Zeile: Welche Aufgabe war leichter für dich zu rechnen? Kreuze an.

5 Male die Ergebnisse bunt an. Was entdeckst du?

r: g: gr: b:

b: 2 • 7 = ____
g: 7 • 8 = ____
b: 5 • 7 = ____
r: 2 • 8 = ____
gr: 9 • 7 = ____
b: 8 • 8 = ____
gr: 4 • 7 = ____
r: 5 • 8 = ____
r: 3 • 7 = ____
gr: 6 • 8 = ____
gr: 7 • 7 = ____
gr: 9 • 8 = ____

[redacted]

Halbieren und aufteilen

1 Ruth und Lars grillen Würstchen.
Zähle die Würstchen und verteile sie.
Jeder bekommt die Hälfte.

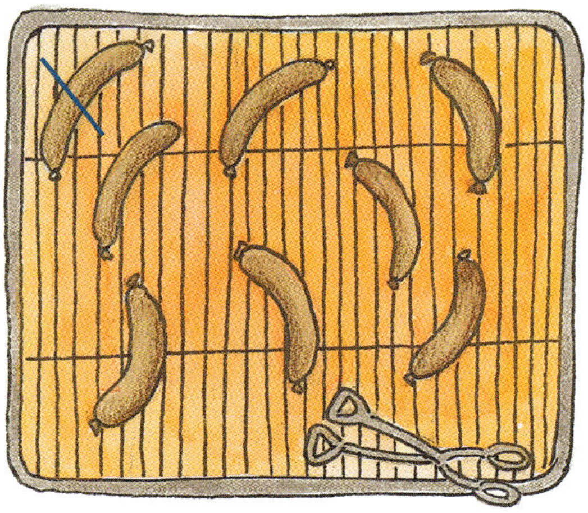

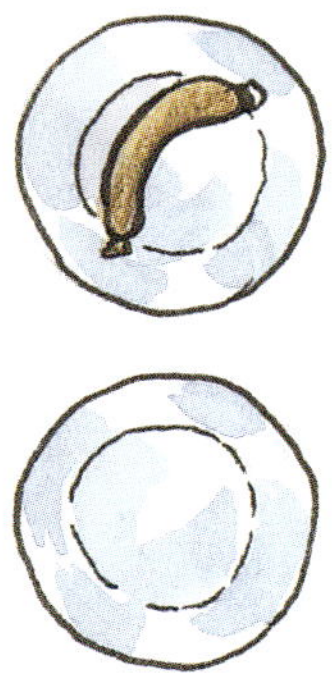

$8 : 2 =$ ____

[redacted]

2 a) Die Kinder grillen auch andere leckere Sachen.
Jeder bekommt die Hälfte davon.
Umkreise Ruths Anteil mit Rot und Lars' Anteil mit Blau.

$18 : 2 =$ ____ [redacted]

$6 : 2 =$ ____ [redacted]

b) Fülle die Tabelle weiter aus.

gesamt	8	2	6	4	10	16	20	18	26	14
Ruth	4									
Lars	4									

[redacted]

3 Ruth macht mit ihren Freundinnen ein Picknick.
Die Mädchen teilen alles gerecht untereinander auf.
Wie viel bekommt jeder? Umkreise die Anzahl farbig.

9 : 3 = ___

___ : 3 = ___

___ : 3 = ___

___ : 3 = ___

Regel Halbieren heißt:
Teile die angegebene Menge durch 2.
Verteilen heißt: Teile die angegebene Menge
durch die Anzahl der Personen.

4 Karlo grillt mit 3 Freunden. Er legt 12 Äpfel in die Glut.
Rechne aus, wie viele Bratäpfel jeder bekommt.

Frage: ___________________________

Rechnung: ___________________________

Antwort: ___________________________

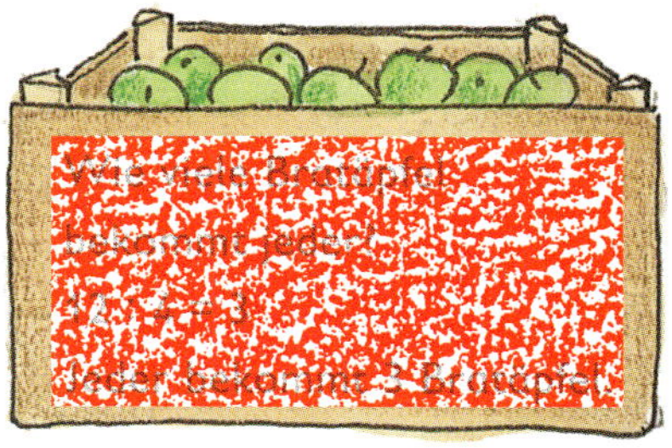

Umkehraufgaben

1 Jeden Donnerstag ist Basketball-Training. Die Kinder teilen sich dabei in Gruppen auf. Wie viele Gruppen gibt es, wenn sich immer 5 oder 8 Kinder in einer Gruppe zusammentun?

Tipp Zu jeder Geteilt-Aufgabe gibt es eine Umkehraufgabe. Wenn du sie bildest, kannst du dein Ergebnis überprüfen.

12 : 4 = 3, denn 3 · 4 = 12

12 → : 4 → 3
3 → · 4 → 12

2 Ergänze die fehlenden Ergebnisse.

a) 25 → : 5 → 5; 5 → · 5 → 25

b) 24 → : 4 → ___; ___ → · 4 → 24

c) 49 → : 7 → ___; ___ → · 7 → 49

d) 80 → : 10 → ___; ___ → · 10 → 80

3 Was findet Konfetti in der Turnhalle? Rechne aus.
Male nun die Felder mit den Lösungszahlen an.

10 : 2 = ____, denn ____ • 2 = 10

12 : 3 = ____, denn ____ • 3 = 12

36 : 4 = ____, denn ____ • 4 = 36

30 : 5 = ____, denn ____ • 5 = 30

48 : 6 = ____, denn ____ • 6 = 48

63 : 9 = ____, denn ____ • 9 = 63

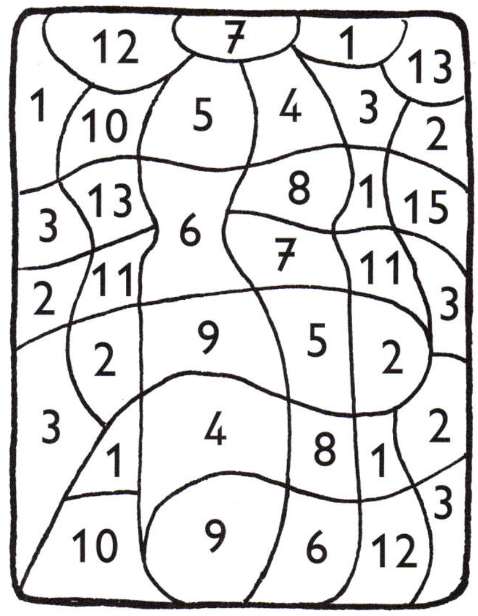

4 Daniel sammelt nach dem Training die Bälle ein.
Welche zwei Bälle gehören jeweils zusammen?
Verbinde die passenden Aufgaben miteinander.

5 Schreibe • oder : auf die leeren Hütchen.

Division

1 Anne und Simon sind heute im Hallenbad.
An welcher Rutsche stellen sich mehr Kinder an?
Trage < oder > ein. Rechne zuerst die Teilaufgabe
und überlege dann das Zeichen.

14 : 7 = 2	< 5	21 : 3 = ☐	___ 9
50 : 5 = ☐	___ 8	56 : 7 = ☐	___ 5
36 : 6 = ☐	___ 3	32 : 8 = ☐	___ 11
20 : 5 = ☐	___ 5	81 : 9 = ☐	___ 16
63 : 7 = ☐	___ 13	24 : 6 = ☐	___ 7

2 Simon und Anne tauchen nach 24 Ringen.
Jeder von ihnen holt die Hälfte aus dem Wasser.
Rechne aus, wie viele Ringe jeder holt.

Frage: ______________________________

Rechnung: ______________________________

Antwort: ______________________________

3 Auf Simons Badeschlange fehlen Zahlen. Trage sie ein.

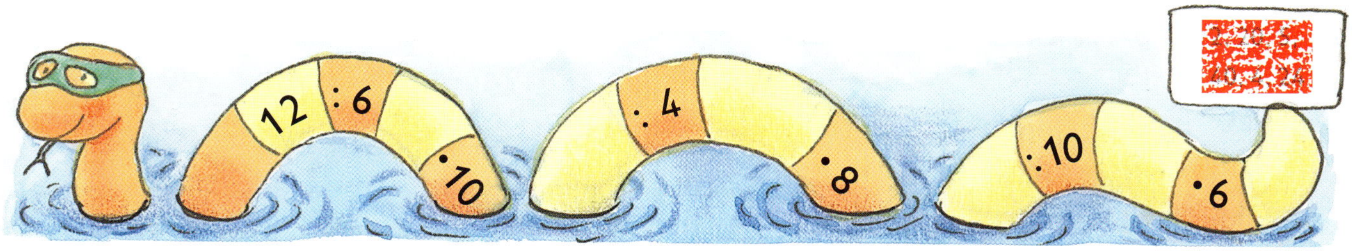

4 Der Weg nach Hause führt über die Häuser mit dem Ergebnis 6. Male sie rot an und zeichne den Weg ein.

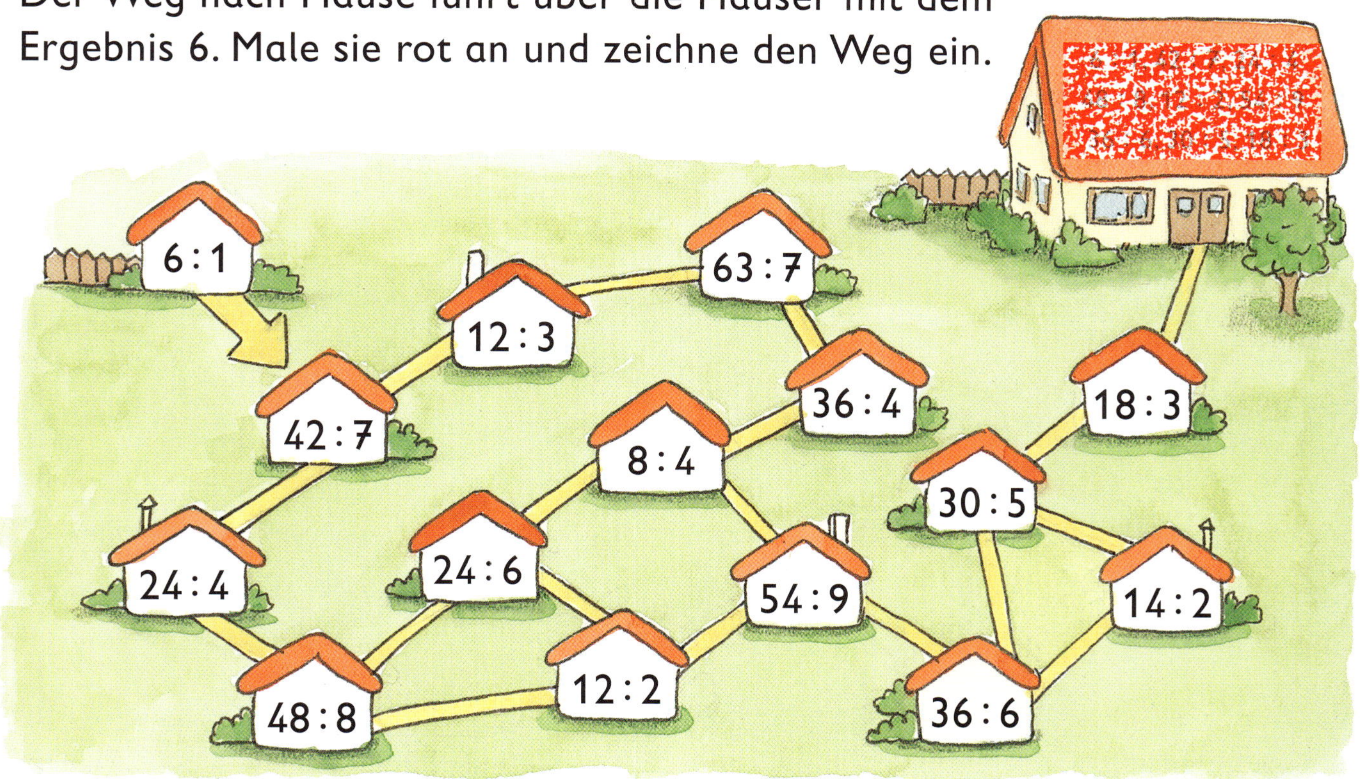

5 Trage die fehlenden Zahlen in die Schwimmreifen ein.

Wiederholung

1 Hilf Karlo bei der Einmaleins-Tabelle.
Trage die fehlenden Ergebnisse ein.

·	1	2	3	4	5	6	7	8	9	10
5		10								
2				8						
3					15					
4								32		

2 Auf den Rechenbäumen fehlen die Ergebnisse.
Trägst du sie ein?

3 Ergänze die Reihen.

a) 8 16 ___ ___ ___ ___

b) 6 ___ 18 ___ ___ ___

Tipp Wenn du eine Aufgabe nicht lösen kannst, schau noch einmal vorne nach.

4 Trage die fehlenden Zahlen ein.

8 · 9 = ___	8 · 8 = ___
8 · 10 = ___	8 · 7 = ___
3 · 8 = ___	6 · 8 = ___
5 · 8 = ___	4 · 8 = ___

5 In einem Bus sitzen 48 Personen.
An der nächsten Haltestelle steigen
8 Personen aus und 5 Personen ein.
Wie viele Personen befinden sich jetzt im Bus?

Frage: ______________________

____

Rechnung: ______________________

____

Antwort: ______________________

6 In den Häusern fehlen Zahlen. Trage sie ein.

75	**63**	**86**
50 + 13 + 12	10 + 50 + ___	70 + 9 + ___
40 + 15 + ___	15 + 30 + ___	___ + 50 + 22
60 + 8 + ___	30 + 10 + ___	___ + 10 + 60

Knack den Code

Auf jeder Doppelseite (Seite 68 – 95) findest du eine kleine braune Lupe. Darin steht jeweils eine Zahl.

- Schreibe die Zahlen nacheinander auf die Linien.
- Ersetze sie dann durch die Buchstaben, die auf dem Zettel versteckt sind: zum Beispiel 15 durch den Buchstaben R.
- Trage jeweils den passenden Buchstaben unter der Zahl ein. Wie heißt der Lösungssatz?

CODE

3 =	9 =
18 =	1 =
20 =	15 =
13 =	4 =
5 =	16 =

__ __ __ __   __ __ 18 ,

__ __ __ __ __ __   __ __ !

Code geknackt:

Datum

Mein Detektivname

Fingerabdruck

Unterschrift

Das kleine Einmaleins

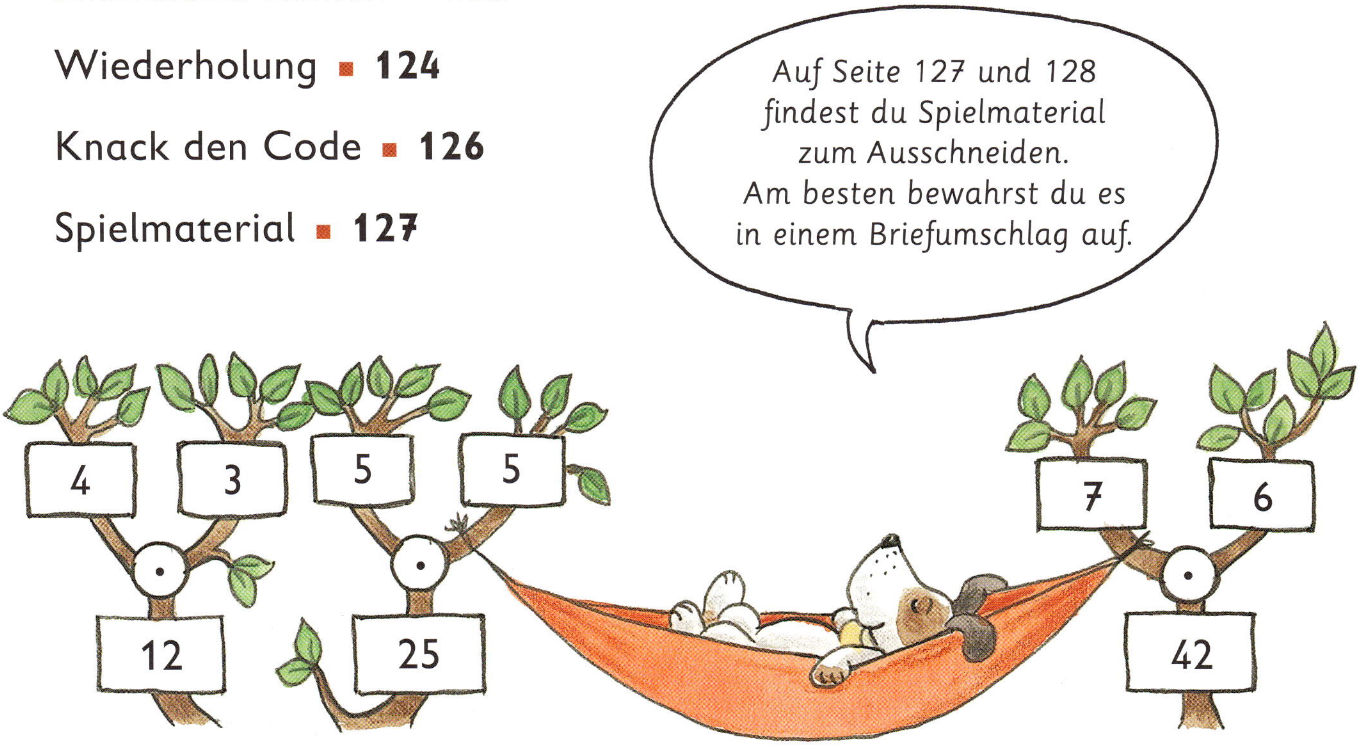

Einmaleins mit 2

1 Susi hilft ihrer Mutter beim Aufhängen der Wäsche. Schau das Bild an. Wie viele Paar Strümpfe haben die beiden aufgehängt? Wie viele Strümpfe sind es?

Regel Zu jeder Plus-Aufgabe gehört eine Mal-Aufgabe.

Beispiel: $2 + 2 + 2 + 2 = 8$

oder $4 \cdot 2 = 8$

2 Wie viele Strümpfe sind es? Rechne aus.

a) 

$2 + 2 + 2 = 6$

$3 \cdot 2 = 6$

b) 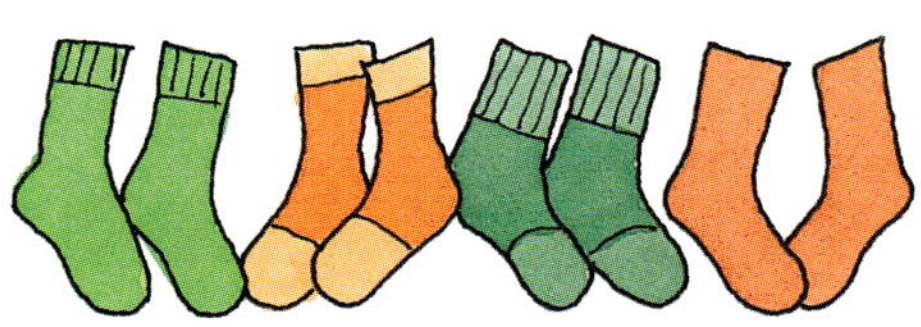

c) 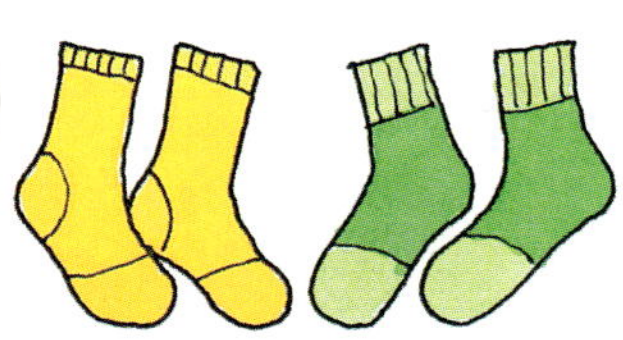

d) 

3 Wie viele Strümpfe von Susi, Vater und Mutter sind in der Wäsche? Rechne aus. Achte auf die Farben.

Susi: $3 \cdot 2 =$ ______

Vater: ______

Mutter: ______

4 Wie viele Wäscheklammern von jeder Farbe sind im Korb? Schreibe die passende Aufgabe und rechne.

$6 \cdot 2 =$ ______

______

______

______

5 Susi hängt 3 T-Shirts auf. Für jedes T-Shirt nimmt sie 2 Wäscheklammern. Wie viele Klammern braucht sie?

Rechnung: ______

Antwort: ______

6 Trägst du die Ergebnisse ein?

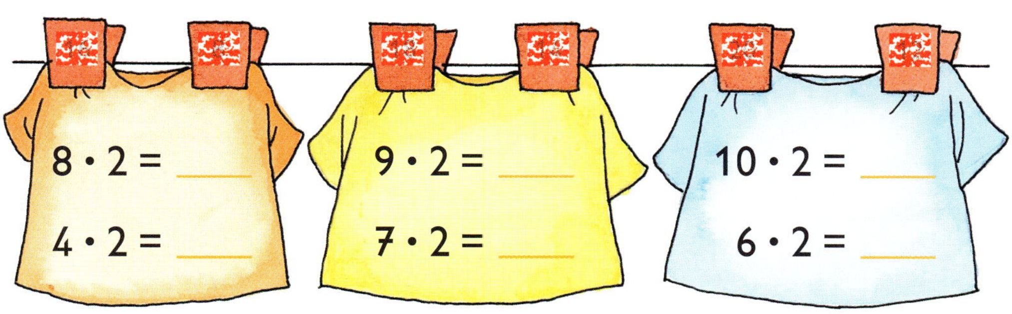

$8 \cdot 2 =$ ____

$4 \cdot 2 =$ ____

$9 \cdot 2 =$ ____

$7 \cdot 2 =$ ____

$10 \cdot 2 =$ ____

$6 \cdot 2 =$ ____

Einmaleins mit 4

1 In der Werkstatt werden heute viele Autoreifen gewechselt. Rechne aus, wie viele neue Reifen der Mechaniker für 4 Autos braucht.

Frage: ____________________

Rechnung: ____________________

Antwort: ____________________

2 Löse die Aufgaben auf den Autoreifen.

3 Jens hat Reifen in eine Reihe gelegt. In jeden 4. Reifen wirft er einen Stein. In welchen Reifen landet jeweils ein Stein? Trage die fehlenden Pfeile und Zahlen ein.

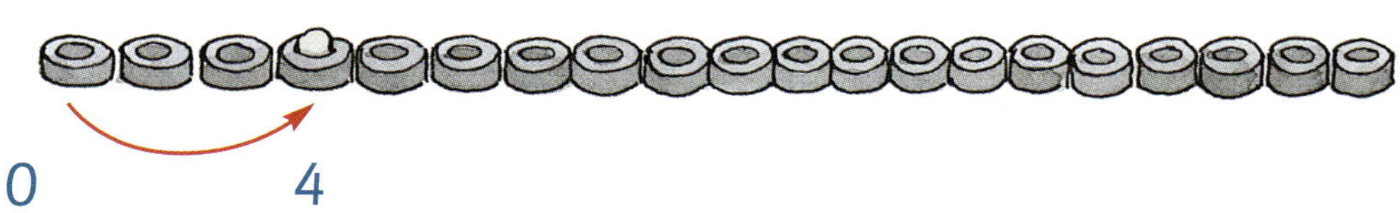

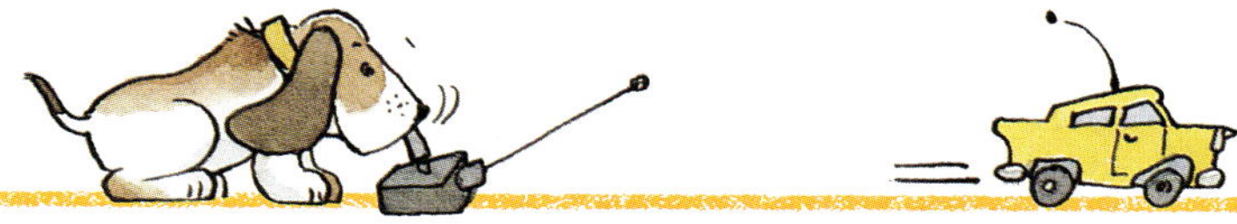

4

Letzte Woche musste der Mechaniker viele Reifen wechseln. Wie viele waren es täglich?

	Autos	Reifen
Montag	2	2 · 4 = 8
Dienstag	6	
Mittwoch	3	
Donnerstag	8	
Freitag	10	

5

Der Mechaniker verkauft an die Besitzer von 3 Autos je 4 Winterreifen. Rechne aus, wie viele er verkauft hat.

Frage: ______________________

____

Rechnung: ______________________

Antwort: ______________________

____

6

Ergänze die fehlenden Zahlen auf den Putzlappen.

Einmaleins mit 10

1 Auf dem Bauernhof werden frische Eier verpackt.
Immer 10 Stück passen in eine Schachtel.
Wie viele Eier haben die Hühner heute gelegt?

a) 

$6 \cdot 10 = 60$

b) 

____

c) 

____

d) 

____

2 Schau dir die Aufgaben und Ergebnisse genau an.
Was fällt dir auf?

Tipp Beim Malnehmen mit 10 musst du im Ergebnis einfach eine 0 anhängen.
Beispiel: $2 \cdot 10 = 20$

3 Welches Huhn hat welches Ei gelegt? Verbinde.

4 Karlo hat mit den Eierschachteln Türme gebaut.
Wie viele Eier sind es jeweils?

___ • 10 = ___ ___ • 10 = ___ ___ • 10 = ___

5 Konfetti jagt die Katzen mit einem Ergebnis aus der 10er-Reihe. Welche sind das?
Rechne im Kopf und kreise die Katzen ein.

6 Der Bauer verlädt die Milchkannen.
Dabei sind Zahlen verloren gegangen. Ergänze sie.

Einmaleins mit 5

1 Auf der Sprossenleiter stehen Aufgaben.
Kannst du die passenden Ergebnisse dazuschreiben?
Was fällt dir bei den Ergebnissen auf?

1 • 5 = ____	6 • 5 = ____
2 • 5 = ____	7 • 5 = ____
3 • 5 = ____	8 • 5 = ____
4 • 5 = ____	9 • 5 = ____
5 • 5 = ____	10 • 5 = ____

Tipp Bei den Ergebnissen der 5er-Reihe ist die Einerstelle immer eine 5 oder eine 0, z. B. 15 oder 30.

2 Male alle Zahlen aus der 5er-Reihe braun an.
Dann erfährst du, was Konfetti in der Turnhalle findet. Löse anschließend Karlos Rätsel.

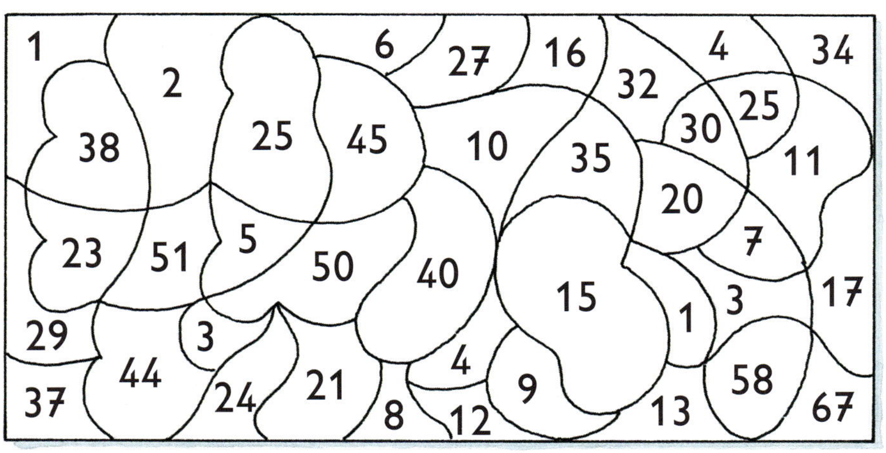

Ich suche eine Zahl. Sie ist kleiner als 25 und durch 5 und 4 teilbar.

3 Mit ihrem Trainer üben die Kinder Elfmeterschießen.
Für jedes Tor gibt es 5 Punkte. Wer gewinnt?
Rechne aus und schreibe den Namen des Siegers auf.

Lisa: 2 Tore	2 · 5 Punkte = ___ Punkte	___ Platz
Moritz: 4 Tore	_____ Punkte = ___ Punkte	___ Platz
Jan: 3 Tore	_____ Punkte = ___ Punkte	___ Platz
Mira: 6 Tore	_____ Punkte = ___ Punkte	___ Platz
Trainer: 5 Tore	_____ Punkte = ___ Punkte	___ Platz

Sieger: ____________________

4 Willst du wissen, wie oft die Kinder über die Kästen springen?
Trage die jeweils richtige Zahl auf den Kästen ein.

Einmaleins mit 8

1 Im Kunstkurs malen die Kinder Steine bunt an. Hilfst du dabei? Rechne die Aufgaben auf den Steinen aus. Male die Steine in der richtigen Farbe aus.

Ergebnis kleiner als 25: Grün
Ergebnis zwischen 30 und 50: Rot
Ergebnis größer als 50: Blau

Tipp Manchmal werden Mal-Aufgaben leichter, wenn du die Zahlen umdrehst.

Beispiel: 4 • 8 = 32

8 • 4 = 32

2 Lukas hat 2 Packungen Schokoküsse mitgebracht. In jeder Schachtel sind 8 Stück. Wie viele sind es?

Rechnung: ______________________________

Antwort: ______________________________

3 Maria und Ute legen mit den bunt bemalten Steinen Mal-Aufgaben. Kannst du die passenden Aufgaben aufschreiben?

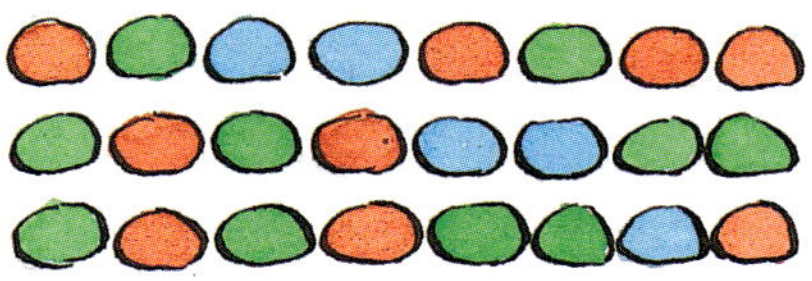

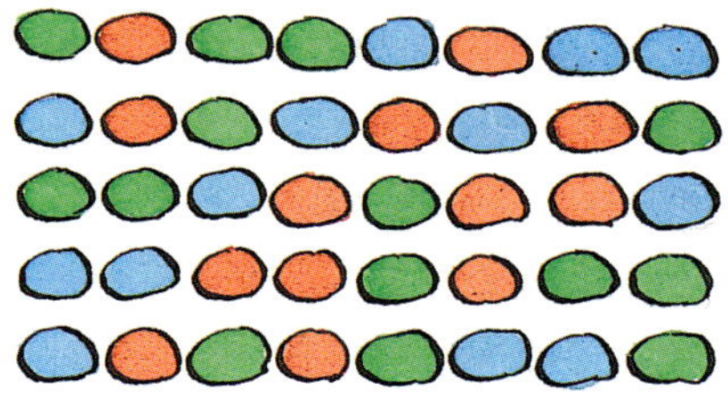

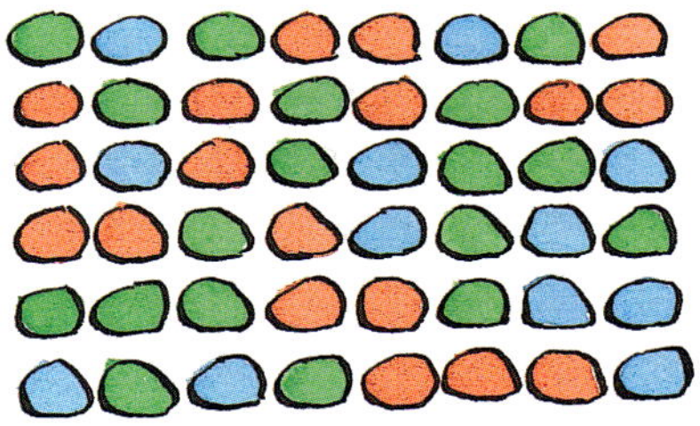

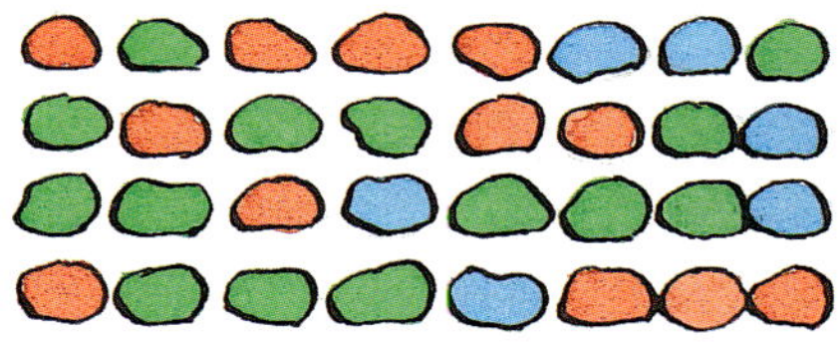

4 Stefan verteilt 8 Malkästen. In jedem Farbkasten sind 6 Farbtöpfchen. Wie viele sind es insgesamt?

Rechnung: ______________________

Antwort: ______________________

5 Hilfst du Karlo, die fehlenden Zahlen einzutragen?

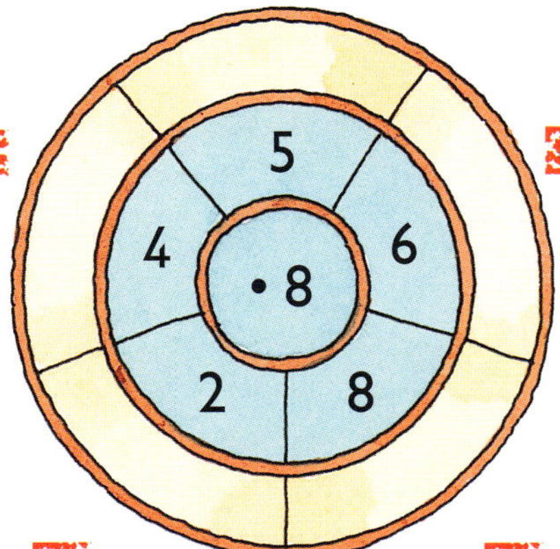

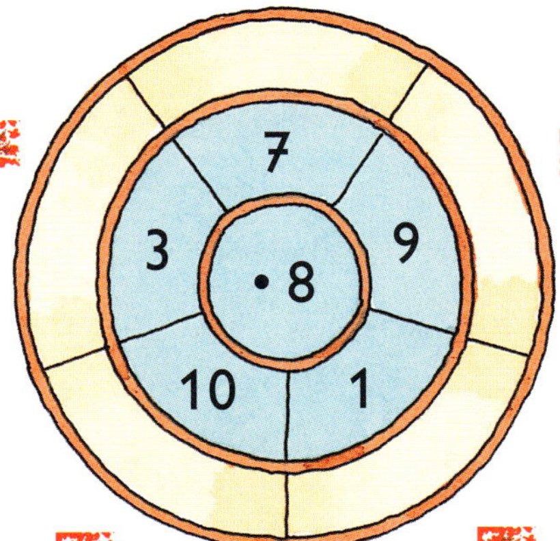

Einmaleins mit 3

1 Der Bäcker legt auf jedes Blech 3 Brote.
Im Ofen sind schon 7 Bleche.
Rechne aus, wie viele Brote im Ofen sind.

Frage: ____________________

Rechnung: ____________________

Antwort: ____________________

[redacted]

2 Konfetti hat sich hinter der Mehlpackung mit dem höchsten Ergebnis versteckt. Welche ist es? Male sie rot an.

3 Konfetti schleicht sich zu den Torten. Mit Sahne ist das Alter auf die Geburtstagstorten geschrieben. Rechne aus. Schreibe die Lösungen auf die Torten.

6 • 3 =   8 • 3 =   5 • 3 =

[redacted]

4 An den Backöfen spielen die Uhren verrückt. Rechne aus, wie viele Minuten die Backwaren jeweils brauchen.

7 • 3 = ___	2 • 3 = ___	9 • 3 = ___

5 Der Bäcker legt die fertigen Brezeln zum Auskühlen auf den Tisch. Er zählt in 3er-Schritten, wie viele es sind:

+ 3, + 3, + 3, + 3, + 3, + 3

3	6	___	___	___	___
1 • 3	2 • 3	3 • 3	4 • 3	5 • 3	6 • 3

+ 3, + 3, + 3

___	___	___	___
7 • 3	8 • 3	9 • 3	10 • 3

6 Bist du ein Profi? Wie lange brauchst du zum Rechnen der Aufgaben? Stoppe die Zeit.

___ • 3 = 27

___ • 3 = 15

7 • 3 = ___

___ • 3 = 9

8 • 3 = ___

9 • 3 = ___

6 • 3 = ___

___ • 3 = 24

Nachbaraufgaben

1 Timo und Anja spielen ein Würfelspiel.
Anja würfelt mit 6 Würfeln und hat
nur 5er. Lies, was Anja sagt.
Wie kommt sie so schnell zu ihrem Ergebnis?

Tipp Bei schwierigen Einmaleins-Reihen ist es oft leichter, mit der nächst kleineren Einmaleins-Reihe zu rechnen und die Zahlen dann zu addieren.

Beispiel: 6 • 5 = ?

  5 • 5 = 25
+ 1 • 5 = 5
  6 • 5 = 30

2 Rechne die Aufgaben im Bild aus.
Schau dir dazu noch mal den Tipp oben an.

6 • 6 = ___

___

+ ___

6 • 6 = ___

6 • 4 = ___

___

+ ___

6 • 4 = ___

3 Timo hat noch ein paarmal gewürfelt und versucht, Nachbaraufgaben zu finden. Hilfst du ihm?

1 · 3 = 3	2 · 3 = 6	3 · 3 = 9
	7 · 4 = 28	
	9 · 5 = 45	
	6 · 2 = 12	
	8 · 4 = 32	

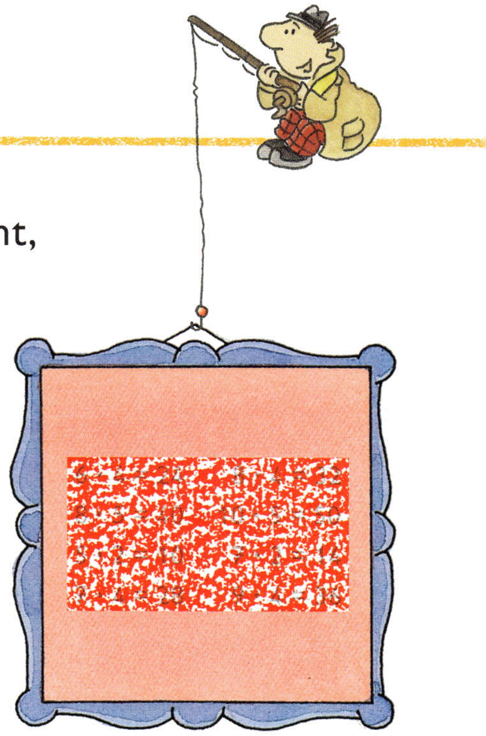

Tipp Manchmal hilft dir auch die nächst größere Nachbaraufgabe.

Beispiel:

9 · 5 = ?
10 · 5 = 50
− 1 · 5 = 5
9 · 5 = 45

4 Trage die fehlenden Zahlen und Rechenzeichen ein.

9 · 8 = ___
___ · 8 = ___
___ · 8 = ___
9 · 8 = ___

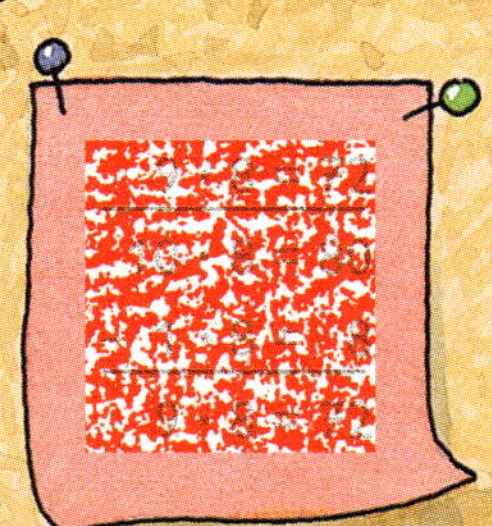

9 · 4 = ___
___ · 4 = ___
___ · 4 = ___
9 · 4 = ___

5 Rechne aus. Suche jeweils die Nachbaraufgabe und male das Kästchen in der passenden Farbe aus.

9 · 7 = ___	4 · 8 = ___	6 · 5 = ___	9 · 6 = ___
5 · 5 = ___	10 · 6 = ___	10 · 7 = ___	5 · 8 = ___

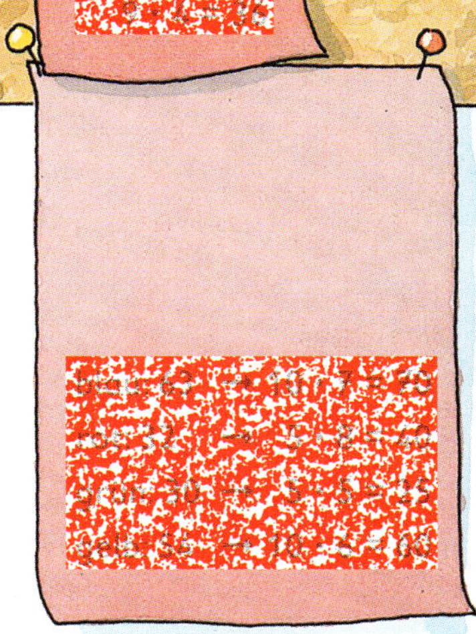

Einmaleins mit 6

1 Detektiv Karlo bekommt Besuch. Er deckt den Tisch mit je 6 Tellern, Bechern, Löffeln, Messern und Eierbechern. Wie viele Dinge sind auf dem Tisch? Es gibt 2 Lösungswege. Rechne beide.

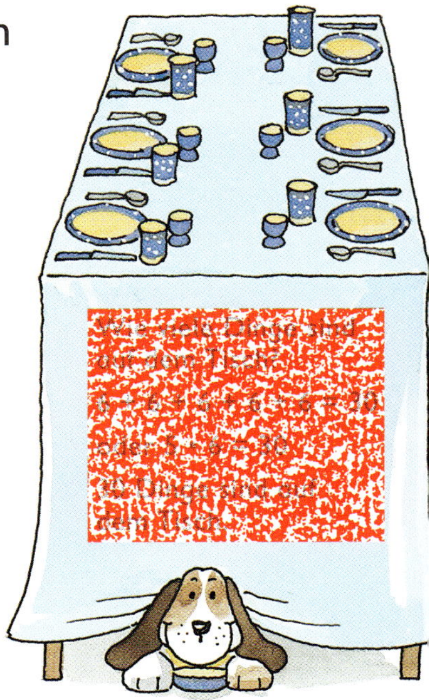

Frage: ______________________

Rechnung: ______________________

____

Antwort: ______________________

2 Karlo sucht seine Lieblingstasse. Darauf steht ein Ergebnis, in dem die Zahl 5 vorkommt. Welche Tasse ist es? Kreise sie ein.

3 Konfetti hat die Zuckerdose umgeworfen. Wie viele Stücke Würfelzucker entdeckst du? Kreise immer 6 Stück ein und rechne dann im Kopf.

4 Karlos Nichte möchte zum Frühstück etwas ganz Besonderes. Rechne aus und male die Felder mit den eingetragenen Zahlen an.

3 • 6 = ____ 5 • ____ = 30 ____ • 6 = 48

____ • 6 = 36 7 • 6 = ____ 1 • ____ = 6

2 • 6 = ____ ____ • 6 = 24 ____ • 6 = 54

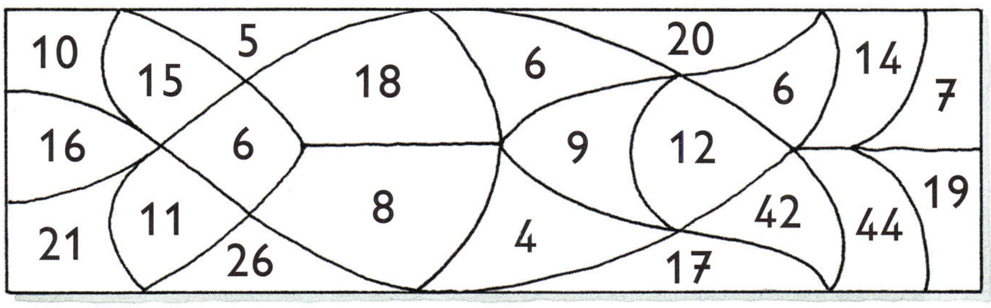

5 Wie viele Scheiben Tomaten schneidet Karlo?
Rechne aus und male die entsprechende Anzahl auf.

2 • 6 = ____

4 • 6 = ____

3 • 6 = ____

6 Trage die fehlenden Zahlen ein.

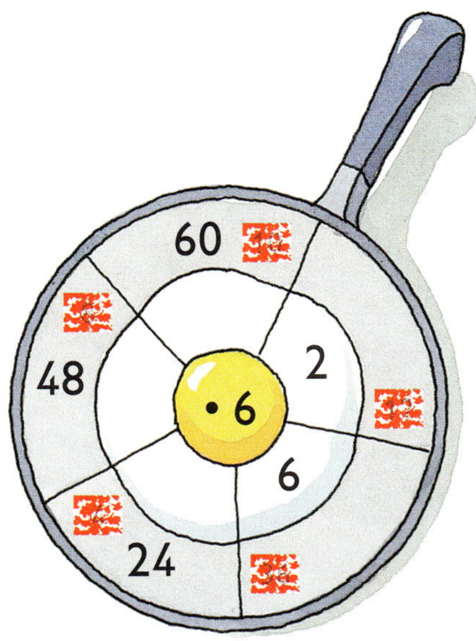

Einmaleins für Profis: 7er-Reihe

1 Matthias hat heute Geburtstag. Seine Mutter hat einen Kuchen für ihn gebacken. Die Oma überrascht Matthias mit einer zweiten Torte. Wie viele Kerzen sind insgesamt auf den Torten? Zähle zuerst. Schreibe die beiden Rechenwege auf.

Rechnung: ______________________________

Antwort: ______________________________

2 Matthias zählt schon seit Wochen die Tage bis zu seinem Geburtstag. Rechne aus. Detektiv Karlo gibt dir dazu einen *Tipp*.

7 Wochen = 7 · 7 Tage = 49 Tage

6 Wochen = ___ · ___ Tage = ___ Tage

5 Wochen = ___ · ___ Tage = ___ Tage

4 Wochen = ___ · ___ Tage = ___ Tage

3 Wochen = ___ · ___ Tage = ___ Tage

2 Wochen = ___ · ___ Tage = ___ Tage

1 Woche = ___ · ___ Tage = ___ Tage

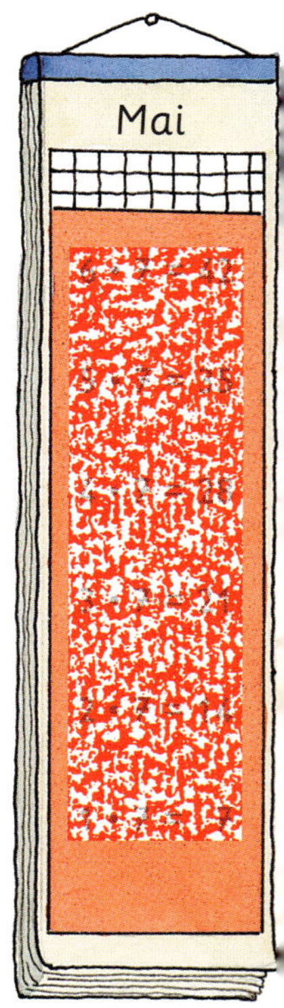

3 Mit was will Konfetti dem Geburtstagskind eine Freude machen? Verbinde die Ergebniszahlen der Reihe nach und du siehst es.

2 · 7 = ____

4 · 7 = ____

1 · 7 = ____

3 · 7 = ____

5 · 7 = ____

6 · 7 = ____

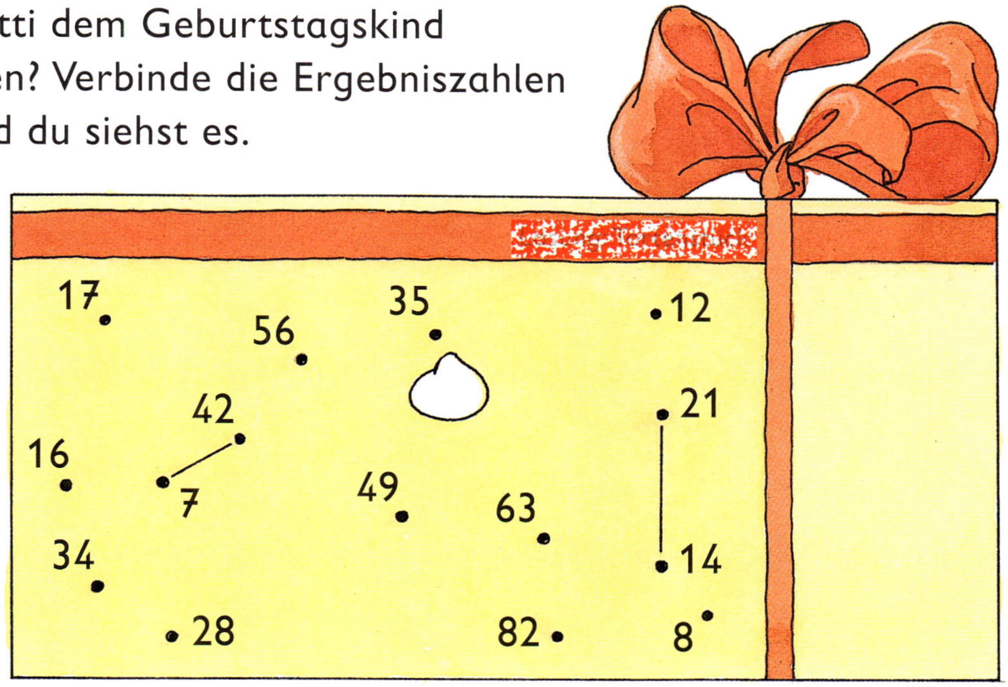

4 Verbinde jeden Luftballon mit dem richtigen Ergebnis.

35 | 7 | 28 | 14 | 21

5 Findest du die passende Mal-Aufgabe zu der Zahl? Schreibe sie auf. Vorsicht: Jetzt sind auch große Zahlen dabei. Karlo hilft dir mit der 7er-Reihe.

63 = 9 · 7

42 = ____ · ____

14 = ____ · ____

35 = ____ · ____

21 = ____ · ____

28 = ____ · ____

56 = ____ · ____

70 = ____ · ____

Einmaleins für Profis: 9er-Reihe

1 Die Kinder sammeln Kastanien im Wald.
Wer schafft es, in 10 Minuten mindestens 40 Kastanien zu sammeln? Umkreise den Sieger.

2 Die Kinder möchten nun Indianerschmuck herstellen.
Ein Kopfschmuck besteht aus 9 Federn.
Karlo zählt die 9er-Reihe und überlegt:
Wie viele Federn brauchen die 5 Kinder zusammen?

Frage: ______________________________

Rechnung: ______________________________

Antwort: ______________________________

[redacted]

3 Petra hat nur 36 Federn zu Hause. Für wie viele Kinder kann sie damit Indianerschmuck basteln?

Rechnung: ______________________________

Sie kann für ____ Kinder Indianerschmuck basteln.

4 Konfetti jagt Blättern mit Zahlen aus der 9er-Reihe nach. Welche sind das? Umkreise sie.

5 Karlo hat seine Lupe versteckt. Findest du sie?
Die Aufgaben mit einem Ergebnis unter 65 bringen dich zum Versteck. Welcher Weg ist richtig?

6 Konfetti hat Karlo etwas vom Blätterjagen mitgebracht. Was? Suche zu den Lösungszahlen den passenden Buchstaben und du weißt es.

a) 5 • 9 = ____

b) 2 • ____ = 18

c) 3 • 9 = ____

d) ____ • 9 = 54

e) 9 • 9 = ____

f) ____ • 9 = 27

Lösungswort: a ___ b ___ c ___ d ___ e ___ f ___

Rechenübungen

1 Konfetti ist mit seinen Freunden auf dem Hundeplatz. Sie spielen mit vielen Zahlenbällen. Kreise ein: Zahlen der 3er-Reihe grün, Zahlen der 6er-Reihe blau, Zahlen der 5er-Reihe rot.

Zahlen mit 2 Kreisen: ______

Zahlen mit 3 Kreisen: ______

2 Die Futterdosen verdecken immer einen Teil der Aufgaben. Weißt du, welche Zahlen fehlen?

$7 \cdot 4 = \square$

$5 \cdot \square = 35$

$\square \cdot 3 = 27$

$8 \cdot 6 = \square$

$\square \cdot 2 = 18$

$4 \cdot \square = 32$

3 Schneide die Materialien auf Seite 127 aus.

a) **Formen-Spiel:**
Lege die Formen mit der grünen Seite nach oben. Rechne aus und lege die Form mit dem richtigen Ergebnis an. Was siehst du?

b) **Domino-Spiel:**
Beginne mit dem Startstein.
Lege jeweils den passenden Dominostein an.
Kein Stein darf übrig bleiben.

4 Rechne die Aufgaben im Kopf.

6 · 5 4 · 8 9 · 2 7 · 3 5 · 5 3 · 4

5 Ergänze die Zahlen in der Einmaleins-Tabelle.

•	2	5	6	1	3	8	4	10
3								
		25						
2								
7			42			56		70
		20						40
1								
				6				
10								
8								

Umkehraufgaben

1 Die Jungen treffen sich zum Fußballspielen. Insgesamt fallen 18 Tore. Jeder der 3 Jungen hat gleich viele Tore geschossen. Rechne aus, wie viele Tore jeder Junge schießt.

Frage: ______________________________

Rechnung: ____________________________

Antwort: _____________________________

Tipp Zu jeder Geteilt-Aufgabe gibt es eine Umkehraufgabe. Wenn du sie bildest, kannst du dein Ergebnis überprüfen.

12 : 4 = 3, denn 3 • 4 = 12

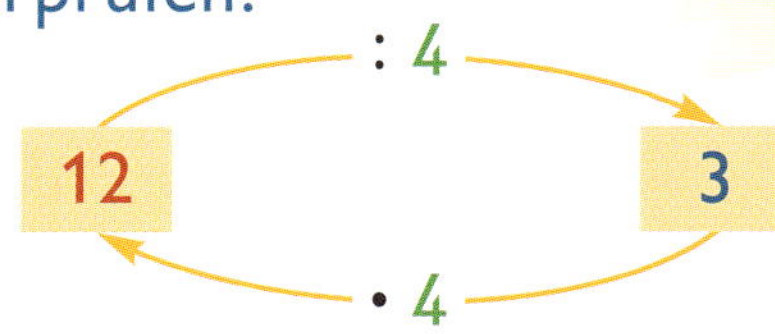

2 Zu jedem Kind gehört ein Ball mit der entsprechenden Umkehraufgabe. Verbinde.

3 Lege die Formen von Seite 127 mit der gelben Seite nach oben. Rechne aus und lege die Form mit dem richtigen Ergebnis an. Stecke die Formen in einen Briefumschlag und benutze sie immer wieder.

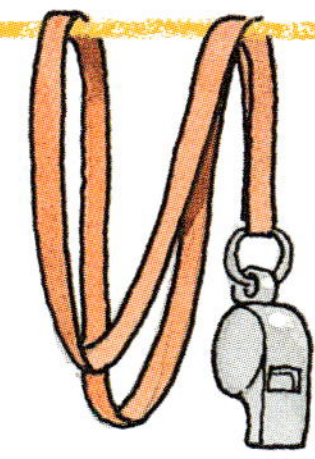

4 Was macht Detektiv Karlo gern mit Freunden?
Suche zu den Lösungszahlen die entsprechenden Buchstaben und trage sie in die Kästchen ein.

1. 8 · 2 = 16
   16 : 2 = ___

2. ___ · 5 = 45
   45 : 5 = ___

3. ___ · 9 = 36
   36 : 9 = ___

4. ___ · 7 = 21
   21 : 7 = ___

5. ___ · 6 = 30
   30 : 6 = ___

6. ___ · 4 = 28
   28 : 4 = ___

Lösungswort: K[1] ___[2] ___[3] ___[4] ___[5] ___[6]

5 Auf jedem Kegel stehen 3 Zahlen.
Schreibe immer 4 Aufgaben zu jedem Kegel.

9 · 2 = 18
18 : 9 = 2
2 · 9 = 18
18 : 2 = 9

___
___
___
___

___
___
___
___

___
___
___
___

Einmaleins-Spiele

Die Übersicht der Einmaleins-Reihen auf der rechten Seite ist noch nicht vollständig. Trage die Ergebnisse ein und kontrolliere sie.

Einmaleins im Kopf (1 Spieler)

1. Mache die Augen zu und zeige mit deinem Finger auf eine Aufgabe der Liste.
2. Sage die passende Einmaleins-Reihe auf.

Linealspiel (1 Spieler)

1. Lege ein Lineal auf die Ergebnisse einer Einmaleins-Reihe.
2. Nenne nun die Lösungen der Aufgaben.
3. Kontrolliere jede deiner Antworten. Wie lange brauchst du für eine Reihe?

Ergebnisspiel (2 Spieler)

1. Dein Mitspieler nennt dir eine Ergebniszahl.
2. Schreibe eine mögliche Aufgabe auf, die dazugehört.
3. Kontrolliere mit der Liste.

Zeitspiel (2 Spieler, Material: Uhr)

1. Aus jeder Einmaleins-Reihe nennt dir ein Mitspieler eine Aufgabe.
2. Er stoppt die Zeit, die du zum Rechnen brauchst.
3. Nun tauscht ihr die Rollen. Wer war schneller?

Würfelspiel (1 oder 2 Spieler)

1. Würfle mit 2 Würfeln.
2. Multipliziere die Augenzahlen. Zu zweit: Wer weiß das richtige Ergebnis zuerst?

Einmaleins-Reihen

2 · 2 = ____	2 · 3 = ____	9 · 4 = ____	3 · 5 = ____
10 · 2 = ____	7 · 3 = ____	7 · 4 = ____	1 · 5 = ____
4 · 2 = ____	3 · 3 = ____	5 · 4 = ____	8 · 5 = ____
7 · 2 = ____	9 · 3 = ____	2 · 4 = ____	4 · 5 = ____
5 · 2 = ____	4 · 3 = ____	3 · 4 = ____	5 · 5 = ____
6 · 2 = ____	1 · 3 = ____	1 · 4 = ____	10 · 5 = ____
3 · 2 = ____	5 · 3 = ____	4 · 4 = ____	6 · 5 = ____
8 · 2 = ____	10 · 3 = ____	6 · 4 = ____	2 · 5 = ____
1 · 2 = ____	6 · 3 = ____	10 · 4 = ____	7 · 5 = ____
9 · 2 = ____	8 · 3 = ____	8 · 4 = ____	9 · 5 = ____

2 · 6 = ____	10 · 8 = ____	1 · 10 = ____
7 · 6 = ____	8 · 8 = ____	7 · 10 = ____
3 · 6 = ____	3 · 8 = ____	2 · 10 = ____
9 · 6 = ____	5 · 8 = ____	6 · 10 = ____
5 · 6 = ____	4 · 8 = ____	4 · 10 = ____
4 · 6 = ____	6 · 8 = ____	10 · 10 = ____
6 · 6 = ____	2 · 8 = ____	5 · 10 = ____
8 · 6 = ____	7 · 8 = ____	8 · 10 = ____
1 · 6 = ____	9 · 8 = ____	3 · 10 = ____
10 · 6 = ____	1 · 8 = ____	9 · 10 = ____

Wiederholung

1 Male die Äpfel der 6er-Reihe rot, die der 8er-Reihe grün an. Im welchem Korb sind mehr Äpfel?

[redacted]

Tipp Wenn du eine Aufgabe nicht lösen kannst, schau noch einmal vorne nach.

2 Rechne aus und male die Ergebnisfelder mit den entsprechenden Farben an.
Was siehst du? [redacted]

 größer als 46

 kleiner als 46

8 • 7 = ____
9 • 8 = ____
7 • 7 = ____
5 • 9 = ____
6 • 8 = ____
7 • 9 = ____
6 • 7 = ____
8 • 8 = ____
6 • 9 = ____

[redacted]

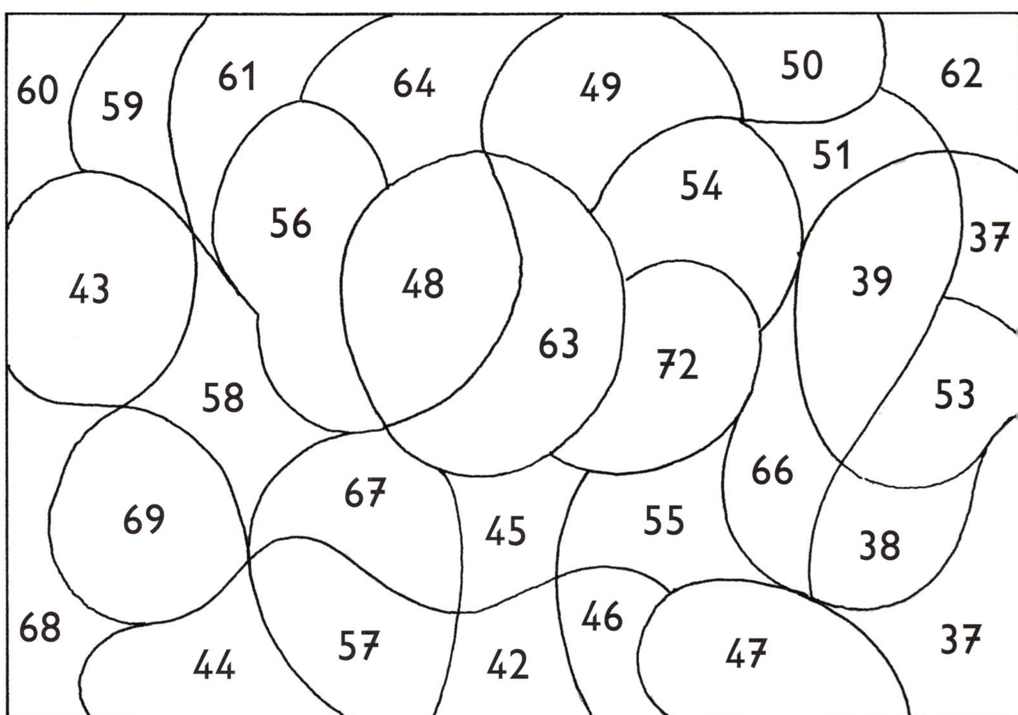

3 Löse das Zahlenrätsel.

a) Welche Zahlen der 8er-Reihe sind kleiner als 41?
Trage ein:

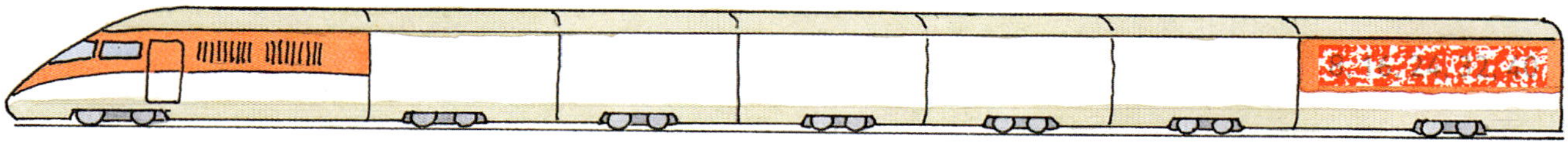

b) Welche Zahlen aus der 7er-Reihe sind kleiner als 59?
Schreibe sie auf die Schlange.

4 Trage die fehlenden Zahlen der Einmaleins-Reihen ein.

36 42 ___

27 ___ 45

21 24 ___

___ 49 56

___ 32 36

12 ___ 24

5 Ergänze die fehlenden Zahlen in den Blumen.

Knack den Code

Auf jeder Doppelseite (98 – 125) findest du eine kleine braune Lupe. Darin steht jeweils eine Zahl.

- Schreibe die Zahlen nacheinander auf die Linien.
- Ersetze sie dann durch die Buchstaben, die auf dem Zettel versteckt sind: zum Beispiel 3 durch den Buchstaben A.
- Trage jeweils den passenden Buchstaben unter der Zahl ein. Wie heißt der Lösungssatz?

CODE

11 =
7 =
20 =
2 =
19 =
9 =
3 =
18 =
6 =
10 =
14 =

___ 3 ___ ___ ___ ___

11 ___ ___ ___ ___ ___ ___ ___ ___ 11 ___ !

Code geknackt:

Datum

Mein Detektivname

Fingerabdruck

Unterschrift

Spielmaterial

Die grünen Formen und das Domino-Spiel brauchst du für Seite 119.

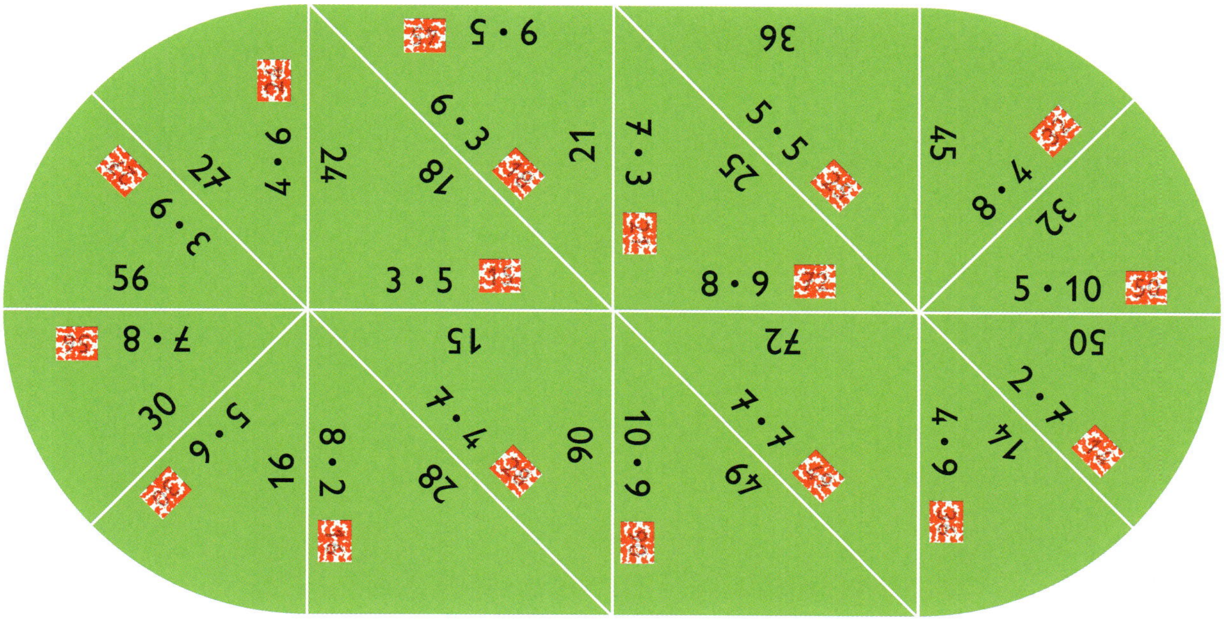

Start	3 · 7	21	36	9 · 4	7 · 5
35	9 · 8	72	49	7 · 7	5 · 3
15	6 · 7	42	27	3 · 9	4 · 10
40	9 · 7	63	9 · 5	45	4 · 4
16	81	9 · 9	8 · 8	64	6 · 5
30	4 · 7	28	48	8 · 6	1 · 10
10	100	10 · 10	3 · 8	24	Ende

Spielmaterial

Die gelben Formen brauchst du für Seite 120.

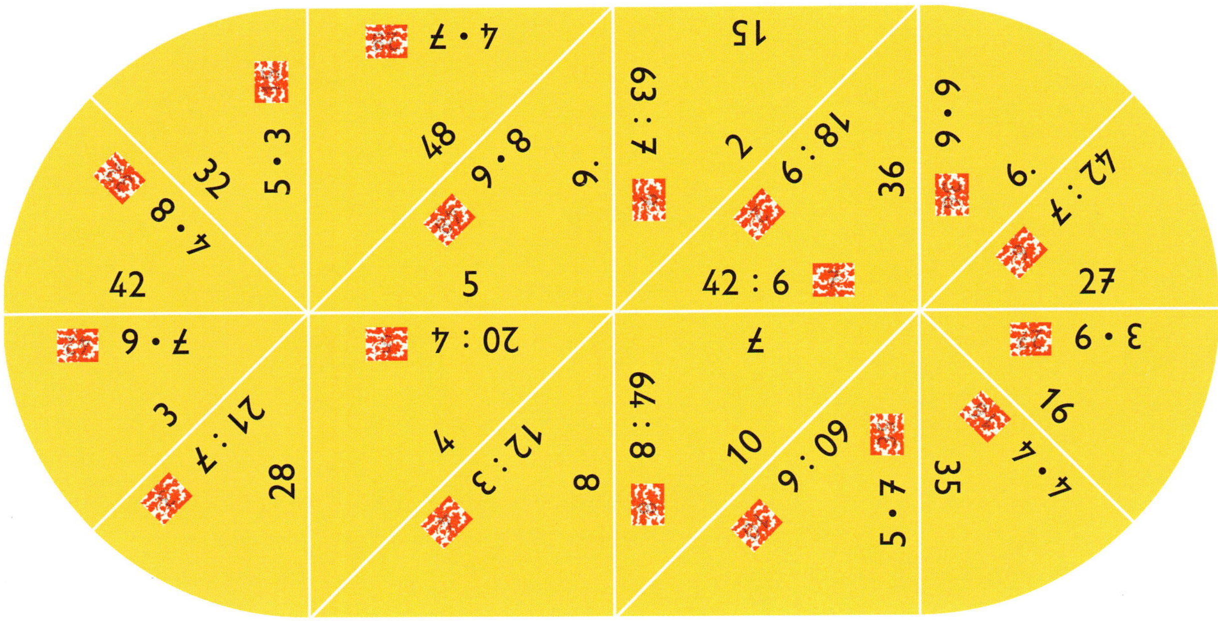